普通高等教育机械类特色专业系列教材

工程制图基础教程

（第二版）

主　编　鲍和云　李海燕　段丽玮
副主编　贾皓丽　孔继周　王福瑞
主　审　刘　苏

U0157909

科学出版社

北京

内 容 简 介

本书在对传统工程图学内容进行分析优化的基础上,增加了设计灵感、设计过程、创新设计、计算机辅助设计、设计与表达等有关内容,为非机械类专业学生补充了部分工程设计的基本知识;建立了从三维形体构型向二维视图表达的知识体系,将产品的二维工程图样和三维数字化模型两种产品的表达和交流方式有机结合起来,有利于对学生空间思维能力的培养。

本书分为 6 章,分别为制图基本知识、设计和表达、三维建模基础、二维制图基础、工程图样基础、零件图与装配图。本书在难点内容处设置二维码,关联三维立体动画展示,便于学生理解知识点和对照想象立体结构。

本书共二册,其中包含习题集,便于学生练习使用。

本书可作为高等学校非机械类专业少学时工程制图课程的教材,也可供函授大学、电视大学、网络学院及成人高校等相关专业选用。

图书在版编目(CIP)数据

工程制图基础教程 / 鲍和云,李海燕,段丽玮主编. —2 版. —北京:科学出版社,2023.8
普通高等教育机械类特色专业系列教材
ISBN 978-7-03-076161-3

Ⅰ. ①工… Ⅱ. ①鲍… ②李… ③段… Ⅲ. ①工程制图—高等学校—教材 Ⅳ. ①TB23

中国国家版本馆 CIP 数据核字(2023)第 152763 号

责任编辑:邓　静 / 责任校对:王　瑞
责任印制:霍　兵 / 封面设计:迷底书装

科 学 出 版 社 出版
北京东黄城根北街 16 号
邮政编码:100717
http://www.sciencep.com

天津市新科印刷有限公司 印刷
科学出版社发行　各地新华书店经销
*

2010 年 7 月第　一　版　开本:787×1092　1/16
2023 年 8 月第　二　版　印张:20
2023 年 8 月第 13 次印刷　字数:400 000

定价:75.00 元(全二册)
(如有印装质量问题,我社负责调换)

前　　言

南京航空航天大学的"工程图学"课程 2005 年被评为国家精品课程，2016 年被评为国家级精品资源共享课程，2021 年获评江苏省首批省级一流本科课程。工程图学教学团队 2009 年被评为机械工程设计基础国家级教学团队。

南京航空航天大学工程图学的课程建设和教学改革成果丰硕：2001 年，"工程图学课程的改革与全方位教材体系的建设"获高等教育国家级教学成果二等奖；2005 年，"立足基础、面向专业、深入学科进行现代图学教学体系的创新建设"再次获得高等教育国家级教学成果二等奖。

围绕国家级特色专业（机械工程及自动化）、国家级一流本科专业（机械工程）及国家精品课程（工程图学）建设，南京航空航天大学工程图学课程组编写并出版了以下系列教材：

（1）《现代工程图学教程》（机械类、近机械类专业适用）（第三版）——科学出版社；

（2）《现代工程图学习题集》（机械类、近机械类专业适用）（第三版）——科学出版社；

（3）《工业产品的数字化模型与 CAD 图样》（第二版）——科学出版社；

（4）《工程制图基础教程》（非机械类专业适用）——科学出版社；

（5）《工程制图习题集》（非机械类专业适用）——科学出版社。

本书根据教育部 2010 年制定的"普通高等院校工程图学课程教学基本要求"，总结近年来本校及其他多所重点院校教学研究与改革的成果和经验，在 2010 年由科学出版社出版的《工程制图基础教程》的基础上修订编写而成。本书共 6 章，主要内容包括制图基本知识、设计和表达、三维建模基础、二维制图基础、工程图样基础、零件图与装配图等。

本书的主要特色如下：

（1）设置了设计和表达的知识模块，增强学生创新意识的培养。本书在对传统工程图学内容进行分析优化的基础上，设置了设计灵感、设计过程、创新设计、计算机辅助设计等知识模块，增强学生创新意识的培养，为非机械类专业学生补充了部分工程设计的基本知识，起到承上启下的作用，为学生进行后续章节的学习做了很好的铺垫。

（2）建立了从三维形体构形向二维视图表达的知识体系。全书以产品的三维数字化模型为切入点，以二维投影理论为基础，将产品的二维工程图样和三维数字化模型两种产品的表达和交流方式有机结合起来，有利于对学生空间思维能力的培养。

（3）教材数字资源多样化建设。以纸质教材为核心，借助线下图学实验室及线上资源，提供丰富的学习资源。利用现代教育技术和互联网信息技术，将部分学生难以理解的知识点，通过二维码技术实现三维立体动画展示，以达到帮助学生理解知识点的目的。

参加本书编写的人员有鲍和云、李海燕、段丽玮、贾皓丽、孔继周、王福瑞。南京航空航天大学刘苏教授对本书进行了认真细致的审阅，提出了许多宝贵的意见与建议，在此表示衷心的感谢。

书中若有疏漏与不当之处，敬请广大读者给予指正。

编　者

2023 年 4 月

目　　录

绪　　论

1. 课程的性质

工程与产品的设计、开发和制造是人类生存的基础，是人类文明发展的直接动因。

在表达和交流科技信息的过程中，图形具有形象性、直观性和简洁性的特点，是人们认识规律、探索未知的重要工具。图形作为直观表达实验数据、反映科学规律的一种手段，对于人们把握事物的内在联系、掌握问题的变化趋势，具有重要意义。

在工程设计中，工程图样作为设计与制造、工程与产品的信息定义、表达和交流的主要媒介，在机械、建筑、土木、水利和园林等领域的技术和管理工作中有着广泛的应用。因此，工程图样是工程界设计师、工程师和其他技术人员用来进行记录、表达和交流的语言。

几乎每一本工程学课本里都有工程技术图样。掌握了工程制图基础知识，不仅对专业课学习有帮助，对其他课程也会有所帮助。所以，工程制图基础课程是工科非机械类专业的学生学习工程知识的第一个窗口，也是最适合的窗口。

综上所述，工程制图基础课程是工科院校重要的技术基础课程之一，是一门工科非机械类专业学生的必修课程。

2. 工程制图基础课程的主要研究对象

（1）研究空间几何元素在图纸上准确表示的问题；

（2）研究空间物体的构形规律和表达方法；

（3）研究阅读工程图样的基本概念和基本方法。

3. 工程制图基础课程的学习任务

（1）学习投影法的基本理论和应用；

（2）学习空间物体图样表达的基本概念和方法；

（3）学习计算机三维建模和构形分析的基本概念和方法；

（4）学习阅读工程图并能正确理解工程图的基本方法；

（5）学习从三维物体到二维图样和从二维图样到三维物体的思维方法。

此外，在教学过程中，还应有意识地培养学生认真负责的工作态度和严谨细致的工作作风。

4. 通过本课程的学习培养学生三种能力

（1）培养空间思维的几何抽象能力；

（2）培养阅读和理解工程图样的基本能力；

（3）培养学生的工程素养和手绘技术草图的基本能力。

5. 通过本课程的学习培养学生树立两个意识

（1）图形标准化意识。遵循各类技术制图标准的工程图样在表达和绘制方面高度规范化和唯一化，能够在不同国家甚至是世界范围内交流。本课程的学习，可使学生了解只有遵守这些制图标准，才能够正确阅读图纸，或才能保证自己绘制的图纸能够被别人轻松读懂而不会产生误会。

（2）创新意识。在工科技术课程当中，空间思维能力是最重要的能力之一。另外，从实际情况来看，一些极具创造性的人都拥有很强的空间思维能力。本课程主要学习从空间角度来观察和思考物体，是培养空间思维能力的最佳课程。

6. 课程的学习方法

工程制图基础课程是一门技术基础课程，为了顺利学好本课程，必须掌握正确的学习方法，主要注意以下几点。

1）**空间思维能力的培养**

善于采用空间思维的学习方法，根据三维建模方法从空间角度来思考和分析物体，要多想多练，培养空间思维能力。

2）**认真做好听课、作业和单元总结等教学环节**

工程制图基础课程的知识循序渐进，由浅入深。要认真对待每一次的课堂听课和课后作业。由于工程制图的研究对象主要为"图形"，因此，课堂上集中精力，以听为主，必要时以草图的方式做一些笔记；作业不仅要正确，还要整洁和美观；平时预习和复习时，主要以看书上的"图形"为主，看文字为辅；并及时做好阶段性的单元总结。

3）**二维图形与三维空间物体的转换**

形象思维能力的培养须日积月累，逐渐加强，不可能靠临时突击、一蹴而就。须根据投影理论不断地进行"三维形体"与"二维图形"的对应关系训练，逐步培养和增强空间思维和几何抽象能力。

第 1 章　制图基本知识

1.1　仪器绘图

1.1.1　常用国标

图样是工程技术中用来进行技术交流和指导生产的重要技术文件之一，是工程界的共同语言。为此，国家制定了绘制图样的一系列标准，简称国标。其代号为 GB（其中 GB/T 为推荐性国标），字母后面的两组数字，分别表示标准顺序号和标准批准年号，例如"GB/T 14689—2008"。

国标对图样的画法作了严格的统一规定，在绘制图样时必须严格遵守国家标准的规定，以充分发挥图样的语言功能。

以下简要介绍图纸的幅面和格式、比例、字体、图线的国家标准有关规定，剖面符号、尺寸注法等国家标准将在后续有关章节内介绍。

1. 图纸幅面和格式（GB/T 14689—2008）

1）**图纸幅面尺寸**

绘制图样时，应优先采用基本幅面。必要时，也允许选用加长幅面。基本幅面共有五种，幅面代号和幅面尺寸见表 1.1。

表 1.1　图纸基本幅面代号和尺寸　　　　　　　　（单位：mm）

幅面代号	A0	A1	A2	A3	A4
$B \times L$	841×1189	594×841	420×594	297×420	210×297
e	20		10		
c	10			5	
a	25				

2）**图框格式**

在图纸上必须用粗实线画出图框，其格式分为不留装订边和留有装订边两种，但同一产品的图样只能采用一种格式。如图 1.1 所示，其中图（a）、（b）为不留装订边，图（c）、（d）为留有装订边。图中 e、c、a 为图框离开纸边的距离，其数值见表 1.1。

3）**标题栏的方位及格式**

每张图纸上都必须画出标题栏。标题栏的位置应位于图纸的右下角，如图 1.1 所示。国家标准（GB/T 10609.1—2008）推荐的标题栏格式比较复杂，学生在做作业时建议采用教学用简化标题栏，如图 1.2 所示。

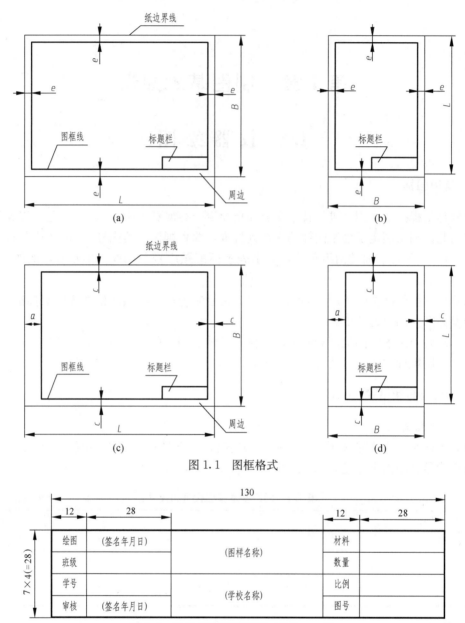

图 1.1　图框格式

图 1.2　教学用简化标题栏（单位：mm）

2. 比例（GB/T 14690—1993）

图样中图形与其实物相应要素之间的线性尺寸之比称为比例。国家标准规定了绘制图样时一般应采用的比例，见表 1.2 所示。

绘制图样时，应根据机件的大小及其结构的复杂程度来选取相应的比例，一般应尽可能按机件的实际大小（1∶1）画出，以便直接从图样上看出机件的真实大小。当机件大而简单时，可采用缩小的比例；当机件小而复杂时，可采用放大的比例。无论采用缩小还是放大的比例，在标注尺寸时，都按机件的实际尺寸标注，而在标题栏的比例栏中填写相应的比例，例如图 1.3 所示。

表 1.2　比例

种类	第一系列	第二系列
原值比例	1：1	1：1
放大比例	5：1，　2：1，　5×10^n：1， 2×10^n：1，　1×10^n：1	4：1，　2.5：1，　4×10^n：1，　2.5×10^n：1
缩小比例	1：2，　1：5，　1：10，　1：2×10^n， 1：5×10^n，　1：1×10^n	1：1.5，　1：2.5，　1：3，　1：4，　1：6，　1：1.5×10^n， 1：2.5×10^n，　1：3×10^n，　1：4×10^n，　1：6×10^n

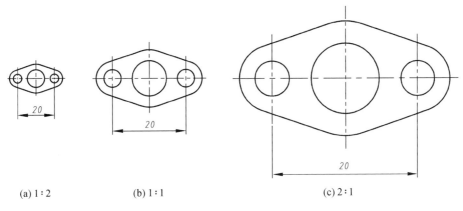

图 1.3　比例

3. 字体 （GB/T 14691—1993）

图样中的字体在书写时必须做到：字体工整、笔画清楚、间隔均匀、排列整齐。图样中各种字体的大小应根据国家标准规定的大小进行选取。国标规定字体高度（用 h 表示）的公称尺寸系列为 1.8mm、2.5mm、3.5mm、5mm、7mm、10mm、14mm、20mm。字体高度代表字体号数。图样中的汉字应写成长仿宋体，并应采用国家正式公布推行的简化字。汉字的高度 h 不应小于 3.5mm，字宽一般为 $h/\sqrt{2}$。长仿宋体的书写要领是横平竖直，注意起落，结构匀称，填满方格。下面是一些常用字体的示例。

1）**长仿宋体示例**

　　　字体工整　笔画清楚　间隔均匀　排列整齐

　　　横平竖直　注意起落　结构均匀　填满方格

2）**拉丁字母示例**

ABCDEFGHIJKLMNOPQRSTUVWXYZ

abcdefghijklmnopqrstuvwxyz

3）**阿拉伯数字示例**

1234567890

4. 图线 （GB/T 17450—1998）

标准规定了九种图线宽度，所有线型的图线宽度 d 应按图样的类型和尺寸大小在下列数系中选择：0.13mm、0.18mm、0.25mm、0.35mm、0.5mm、0.7mm、1mm、1.4mm、2mm。图线的宽度分粗线、中粗线、细线三种，它们的宽度比例为 4∶2∶1，一般粗线和中粗线的线宽宜在 0.5～2mm 范围内选取，在同一图样中，同类图线的宽度应一致。

在建筑图样中，可以采用三种线宽，其比例关系为 4∶2∶1；机械图样中采用两种线宽，其比例关系是 2∶1。在机械图样中常用的线型见表 1.3，应用实例如图 1.4 所示。

表 1.3　机械图样中常用的线型

图线名称	图线形式及代号	图线宽度	一般应用
粗实线	——————————	d	可见轮廓线
细实线	——————————	$d/2$	尺寸界线及尺寸线、剖面线、重合剖面轮廓线
波浪线	～～～～～～	$d/2$	断裂处的边界线、视图和剖视的分界线
双折线	———⌇———⌇—	$d/2$	断裂处的边界线
虚线	– – – – – – –	$d/2$	不可见轮廓线
细点画线	—·—·—·—·—	$d/2$	轴线、对称中心线、轨迹线
粗点画线	—·—·—·—·—	d	有特殊要求的线或面的表示线
双点划线	—··—··—··—	$d/2$	相邻辅助零件的轮廓线、极限位置的轮廓线

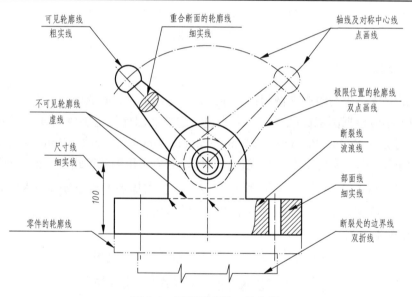

图 1.4　图线形式及一般应用

1.1.2　绘图仪器和工具的使用

要提高绘图的准确性和效率，必须正确使用各种绘图仪器。常用的绘图仪器及工具有图板、丁字尺、三角板、圆规、分规、曲线板、铅笔、擦图片等。下面介绍常用绘图仪器及工具的使用方法。

1. 图板、丁字尺和三角板的使用方法

（1）图板：是一块规矩的长方形木板，用来固定图纸。一般规格有 0 号（90cm×120cm）、

1 号（60cm×90cm）、2 号（45cm×60cm）三种。可以根据需要选用。图纸分为绘图纸和描图纸两种。绘图纸要求纸面洁白、质地坚实，橡皮擦拭不易起毛，画墨线时不洇透。绘图时应鉴别绘图纸的正反面，使用正面（一般为较光滑面）绘图。描图纸用于描绘复制蓝图的墨线图，要求纸面洁白、透明度好。描图纸薄而脆，使用时应避免折皱，不能受潮。

（2）丁字尺：丁字尺是为了便于画图用的一种长尺，主要用来画直线。

（3）三角板：三角板是用来画直线和角度的工具，每套由两块组成，每块的角度分别为 45°、90°、45° 和 30°、60°、90°。三角板与丁字尺配合，可以画从开始间隔 15° 的倾斜线，如图 1.5 所示。

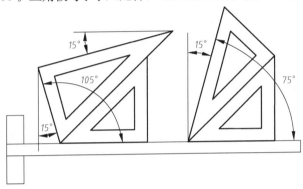

图 1.5 结合两种三角板可以画出 15° 为间隔的角度

图板、丁字尺和三角板一般应联合使用。

画图时，图纸应布置在图板的左下方，贴图纸时用丁字尺校正底边，使图纸平整，并应在图纸下边缘留出丁字尺的宽度，然后用胶带纸固定图纸四角，位置参照图 1.6 所示。

让丁字尺的尺头紧靠着图板左侧的导边，左手推动尺头沿着图板的边缘滑动，只画线时按住，利用尺身自左至右画水平线。上下移动丁字尺可画一系列互相平行的水平线，如图 1.7 所示。还可以与三角板配合画已知直线的平行线和垂直线。

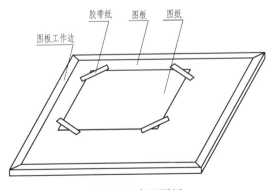

图 1.6 布置图纸

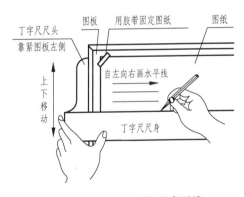

图 1.7 丁字尺与图板配合画线

2. 圆规和分规的使用方法

圆规是绘图仪器中的主要工具，用来画圆及圆弧。它有三种插腿——铅芯插腿、墨线笔插腿和钢针插腿，分别用于画铅笔线、画墨线及代替分规使用。

使用圆规时，应先调整针尖和插腿的长度，使针尖略长于铅芯；量好半径，以右手握住圆规头部，左手食指协助将针尖对准圆心，然后匀速顺时针转动圆规画圆。如所画圆较小可将插腿及钢针向内倾斜。画大圆时，须装延伸杆，如图 1.8 所示。需说明一点，为了保证图面质量，圆规上的铅芯应比画直线用的铅芯软些。

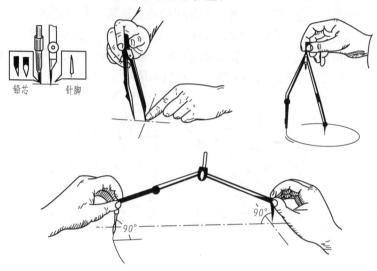

图 1.8　圆规的使用方法

分规是量取线段或等分线段用的工具。分规两脚的针尖并拢后应能对齐。

分规在等分线段时采用试测法，用分规五等分直线段 AB，试分的过程：先按目测，使两针尖间的距离大致为 AB 的 1/5，然后在线段 AB 上试分。如图 1.9 所示。

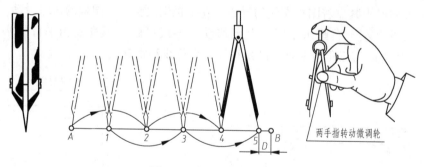

图 1.9　分规的使用方法

3. 曲线板的使用方法

曲线板又称云形板，是由多种曲线构成的尺板。绘图时借用曲线板的曲线绘出光滑的曲线。

曲线板是绘制非圆曲线的常用工具。曲线板的使用方法如图 1.10 所示。描绘曲线时，先徒手将已求出的各点顺序轻轻地连成曲线，再根据曲线曲率大小和弯曲方向，从曲线板上选取与所绘曲线相吻合的一段与其贴合，每次至少对准四个点，并且只描中间一段，前面一段为上次所画，后面一段留待下次连接，以保证连接光滑流畅。

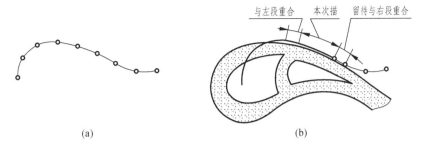

图 1.10   曲线板的用法

4. 铅笔

绘图铅笔的铅芯有软硬之分，分别用字母 B 和 H 表示。软铅有 B、2B、3B、4B、SB、6B 六种规格。硬铅有 H、2H、3H、4H、SH、6H 六种规格。B 前的数字越大，表示铅芯越软，画线越黑。H 前的数字越大，表示铅芯越硬，画线越淡。HB 表示软硬适中。绘图时选用铅笔须依使用图纸的质量和对图的要求而定。

绘图时推荐采用：打底稿用 H（或 HB），加深图线或写字用 HB（或 B），圆规用 B（或 2B）。削铅笔时应从无标号的一端削起以保留标号，铅芯露出 6～8mm 为宜。根据需要，铅芯可削成相应的形状，如图 1.11 所示。写字或画细线时，铅芯削成锥状。加深粗线时，铅芯削成四棱柱状。圆规的铅芯削成斜口圆柱状或斜口四棱柱状。

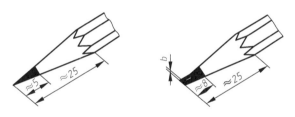

图 1.11   铅笔的削法（单位：mm）

5. 擦图片

擦图片有钢片和塑料的两种，用于修改图线时遮盖不需擦掉的图线，然后再用橡皮擦拭，这样不致影响邻近的其他线条，如图 1.12 所示。

6. 其他常用的绘图用品

（1）橡皮：应选用白色软橡皮。
（2）砂纸：用于修磨铅芯头。
（3）刀片：用于修改图纸上的墨线。
（4）胶带纸：用于固定图纸。

1.1.3   绘图基本知识

为了提高图样质量和绘图速度，除了正确使用绘图工具和仪器外，还必须掌握正确的绘图程序和方法。

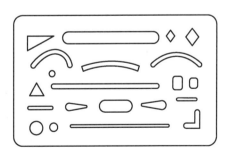

图 1.12   擦图片

1. 绘图的一般方法和步骤

1）图前的准备工作

第一步：准备工具。在绘图前首先应准备好图纸及各种绘图工具，包括图板、丁字尺、三角板、圆规、铅笔等工具及用品，磨削好铅笔及圆规上的铅芯；图板、丁字尺、三角板擦干净，以免绘图过程中影响图面质量。

第二步：固定图纸。用胶带纸将图纸固定在图板上，注意在贴图纸时，用丁字尺校正图纸底边。当图纸较小时，应将图纸布置在图板的左下方，但要使图板的底边与图纸下边的距离大于丁字尺的宽度。

2）绘制底稿

第一步：画出图框和标题栏的边框。

第二步：根据图形的大小和个数，在图框中的有效绘图区域合理布图。

第三步：分析所画图形上尺寸的作用和线段的性质，确定画线的先后次序。

第四步：用 H 或 HB 铅笔将图中所有图线（剖面线除外）画出底稿。

画图形时，先画轴线或对称中心线，再画主要轮廓，然后画细部；若图形是剖视图或断面图时，则最后画剖面符号，剖面符号在底稿中只需画一部分，其余可待加深时再全部画出。图形完成后，画其他符号、尺寸界线、尺寸线、箭头、尺寸数字等。

3）铅笔加深

在加深前，应认真校对底稿，修正错误和缺点，并擦净多余的线条和污垢。为了保证成图的整洁与美观，加深时的顺序和技巧是至关重要的，建议采用下列加深顺序。

第一步：从上往下、从左往右，用 B 铅加深细实线和点画线的圆及圆弧。

第二步：从上往下、从左往右，用 HB 铅加深细实线和点画线的直线，其中剖面线一次画成。

第三步：从上往下、从左往右，用 2B 铅加深粗实线的圆及圆弧。

第四步：从上往下、从左往右，用 B 铅加深粗实线的直线。

第五步：从上往下、从左往右，用 HB 铅画尺寸箭头，注写尺寸数字，填写标题栏等。

在加深过程中，应经常擦干净丁字尺和三角板，尽量用干净白纸盖住已画好的图线，以避免摩擦而使线条变模糊。

2. 几何作图

虽然机件的轮廓形状是多种多样的，但它们的图样基本上都是由直线、圆弧和其他一些曲线所组成的几何图形，因此在绘制图样时，常常要运用一些几何作图的方法。

1）正多边形

图 1.13 和图 1.14 分别介绍了圆内接正五边形和正六边形的作图方法。

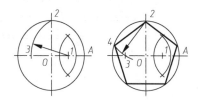

图 1.13　圆内接正五边形的画法　　　　图 1.14　圆内接正六边形的画法

如图 1.13 所示，作水平半径 OA 的中点 1，以 1 为圆心，12 为半径作弧，交水平中心线于 3。以 23 为边长，即可作出圆内接正五边形。

如图 1.14 所示，正六边形可以内接于圆或外切于圆，用 $30°\sim60°$ 三角板配合丁字尺即可画出正六边形。注意，在内接时，圆的直径是对角顶点间的距离；而在外切时，圆的直径则是对边间的距离。

2）斜度和锥度

斜度是指一直线对另一直线或一个平面对另一个平面的倾斜程度，在图样中以 $1:n$ 的形式标注。锥度是指正圆锥的底圆直径与圆锥高度之比，在图样中常以 $1:n$ 的形式标注，如图 1.15 所示。

图 1.15　斜度和锥度的作法

3）圆弧连接

很多机器零件的形状是由直线与圆弧或圆弧与圆弧光滑连接而成的。这种光滑连接过渡，即是平面几何中的相切，在工程制图上称为连接。切点就是连接点。

常用的连接是用圆弧将两直线、两圆弧或一直线和一圆弧连接起来，这个起连接作用的圆弧称为连接圆弧。常见的圆弧连接有：用一圆弧连接两已知直线；用一圆弧连接两已知圆弧；用一圆弧连接一已知直线和一已知圆弧。

（1）圆弧连接的作图原理与步骤。

圆弧连接的首要问题是求连接圆弧的圆心和切点，最基本的作图方法有三种，下面用轨迹的方法来分析圆弧连接的作图原理。

P 为已知直线，O_1、R_1 为已知圆弧的圆心和半径（简称圆弧 R_1），现在用圆心为 O、半径为 R 的圆弧（简称圆弧 R）连接已知直线或圆弧，它的圆心 O 和切点位置 1 应该如何确定呢？表 1.4 所示为圆弧连接的作图原理。

表 1.4　圆弧连接的作图原理

种类	作图方法	说明
圆弧 R 与直线 P 相切		圆弧 R 的圆心轨迹为距离直线 P 为 R 的两条直线。切点 1 与圆心 O 的连线垂直于直线 P
圆弧 R 与圆弧 R_1 外切		圆弧 R 的圆心轨迹为以 O 为圆心，以 R_1+R 为半径的圆弧。切点 1 在 OO_1 的连线上

续表

种类	作图方法	说明
圆弧 R 与圆弧 R_1 内切	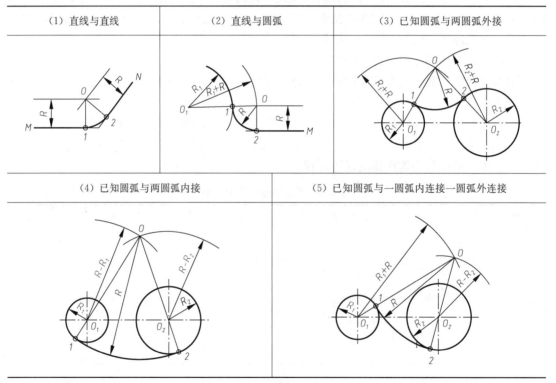	圆弧 R 的圆心轨迹为以 O 为圆心，以 $R_1 - R$ 为半径的圆弧。切点 1 在 OO_1 的连线上

（2）圆弧连接的类型及作图方法。

M、N 为已知直线，O_1、O_2 和 R_1、R_2 分别为已知圆弧的圆心和半径，O、R 为连接圆弧的圆心和半径，1、2 为切点。圆弧连接的类型及作图方法见表 1.5。

表 1.5　圆弧连接的类型及作图方法

（1）直线与直线	（2）直线与圆弧	（3）已知圆弧与两圆弧外接

（4）已知圆弧与两圆弧内接	（5）已知圆弧与一圆弧内连接一圆弧外连接

1.2　计算机绘图

我国分别于 1993 年和 1998 年发布了中华人民共和国国家标准《机械制图用计算机信息交换制图规则》（GB/T 1466—1993）和《机械工程 CAD 制图规则》（GB/T 14665—1998）；并于 2000 年发布了规范 CAD 工程制图的国家标准《CAD 工程制图规则》（GB/T 18229—2000），该标准系统地规定了用计算机绘制工程图的基本规则，适用于机械、电气和建筑等领域的工程制图及相关文件。2012 年，我国发布了《机械工程 CAD 制图规则》（GB/T 14665—2012），代替 GB/T 14665—1993 和 GB/T 14665—1998，并补充 GB/T 18229—2000，对图幅代号、图线、字体、尺寸线的终端形式、图形符号的表示、图样中各种线型在计算机中的分层做了具体规定。

CAD 工程制图的基本设置要求包括图纸幅面与格式、比例、字体、图线、剖面符号、标题栏和明细栏 7 项内容。其中，关于图纸幅面与格式、比例、剖面符号、标题栏和明细栏 5 项内容与现行的技术制图和机械制图标准（以下简称"现行标准"）的相应规定相同，而关于字体和图线的两项规定与现行标准有不同之处。用 CAD 软件绘图时，须根据图样的国家标准规定内容进行必要的设置。

1.2.1　字体

CAD 工程图中所用的字体应按 GB/T 14665—2012 要求，做到字体端正、笔画清楚、排列整齐、间隔均匀。同时规定，图幅为 A0 和 A1 大小时，图样中字母和数字一律采用 5 号字，汉字采用 7 号字；图幅为 A2、A3 和 A4 大小时，图样中字母和数字一律采用 3.5 号字，汉字采用 5 号字，见表 1.6。

表 1.6　CAD 工程图的字体高度与图纸幅面之间的关系　　　　（单位：mm）

图幅字体	A0	A1	A2	A3	A4
字母数字	5		3.5		
汉字	7		5		

关于 CAD 工程制图中字体选用范围，须参照 GB/T 18229—2000 的规定，见表 1.7。

表 1.7　字体选用范围

汉字字型	国家标准号	字体文件名	应用范围
长仿宋体	GB/T 13362.4～13362.5—1992	HZCF. *	图中标注及说明的汉字、标题栏、明细表等
单线宋体	GB/T 13844—1992	HZDX. *	大标题、小标题、图册封面、目录清单、标题栏中设计单位名称、图样名称、工程名称、地形图等
宋体	GB/T 14245.1—2008	HZST. *	
黑体	GB/T 14245.2—2008	HZHT. *	
楷体	GB/T 14245.3—2008	HZKT. *	
仿宋体	GB/T 14245.4—2008	HZFS. *	

（1）汉字：汉字在输出时一般采用正体，并采用国家正式公布和推行的简化字。

（2）数字和字母：字母和数字一般应以斜体输出。

（3）小数点：小数点进行输出时，应占一个字位，并位于中间靠下处。

（4）标点符号：标点符号应按其含义正确使用，除省略号和破折号为两个字位外，其余均为一个符号一个字位。

1.2.2　图线

常用的图线有粗实线、粗点画线、细实线、波浪线、双折线、虚线、细点画线、双点画线 8 种线型。为了便于机械工程的 CAD 制图需要和计算机信息的交换，GB/T 14665—2012 将国家标准《技术制图、图线》（GB/T 17450—1998）中所规定的 8 种线型分为以下 5 组，见表 1.8，一般优先采用第 4 组。

表 1.8　机械工程 CAD 制图线宽的规定

组别	1	2	3	4	5	一般用途
线宽/mm	2.0	1.4	1.0	0.7	0.5	粗实线、粗点画线
	1.1	0.7	0.5	0.35	0.25	细实线、波浪线、双折线、虚线、细点画线、双点画线

GB/T 18229—2000 规定了 CAD 基本线型、变形的线型和图线颜色 3 项内容。除了图线颜色一项与现行标准不同外，其他内容均相同。图线颜色指图线在屏幕上的颜色，它影响到图样上图线的深浅，见表 1.9。图线颜色选配得合适，则相应图样的图线就富有层次感，视觉效果就比较好。

表 1.9　GB/T 18229—2000 对图线颜色的规定

图线类型		屏幕上的颜色
粗实线	————————	白色
细实线	————————	绿色
波浪线	∿∿∿∿	
双折线	——⌇——⌇——	
虚线	— — — — — —	黄色
细点画线	— · — · — · —	红色
粗点画线	— · — · — · —	棕色
双点画线	— ·· — ·· —	粉红色

1.2.3　CAD 工程图的图层管理

CAD 图层管理见表 1.10，图层的使用使工程图的绘图、编辑操作更加简洁、方便。

表 1.10 CAD 工程图的图层管理

层号	描述	图例
01	粗实线	————————————
02	细实线 细波浪线 细双折线	
03	粗虚线	— — — — — — —
04	细虚线	- - - - - - -
05	细点画线， 剖切面的剖切线	
06	粗点画线	
07	细双点画线	
08	尺寸线，投影连线， 尺寸终端与符号连线	
09	参考圆， 包括引出线和终端	
10	剖面符号	
11	文本，细实线	ABCD
12	尺寸值和公差	653±1
13	文本，粗实线	LJGHJJK
14，15，16	用户选用	

第2章 设计和表达

在劳动实践中，人们为了提高生产效率和减轻劳动强度，创造了各种类型的工业产品。例如，从手表、剪刀等小型机械产品，到汽车、飞机、工业机器人等不同用途的各类大型机电设备。不同的机器由于其功能和种类各异，其构造和所包含的零件和部件也各不相同。

任何一种新的工业产品在制造之前，它的系统或结构雏形已经存在于工程师或设计师的脑海中。设计的过程是令人激动并充满挑战的，工程设计人员首先手绘产品的概念设计草图（图 2.1），以方便快速地表达和交流设计想法，然后进行产品的详细设计，选用不同的材料和制造方法等。

技术人员在设计工业产品时，其表达和交流的方式一般有两种：三维数字化模型（图 2.2）和二维工程图样（图 2.3）。

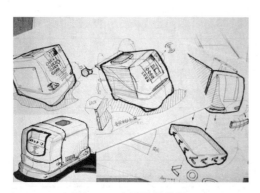

图 2.1 产品设计草图

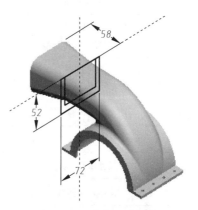

图 2.2 三维数字化模型

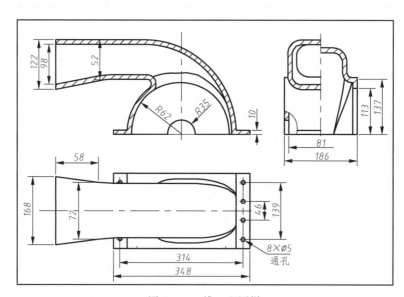

图 2.3 二维工程图样

2.1　三维数字化模型表达

人们根据已有的草图或想象，利用工程 CAD 软件，采用人机交互的方式，在计算机中生成产品的三维数字模型，如图 2.4 所示。该数字模型是对原物体精确的数学描述，能模拟真实世界中原物体的形状、颜色及其纹理等属性，这是一种先进的设计表达方法。

图 2.4　CAD 软件生成产品三维数字化模型

在工程设计领域，数字化模型是和特定的产品联系在一起的，其目的是在产品还未生产出来之前，就可以对产品的各种特性进行充分的研究。通过赋予不同的特征，就可以对这些模型进行测量、应力分析、运动轨迹校核、空气动力学测试、模拟加工、虚拟演示等。数字化模型是对所设计的产品进行分析计算的基础，也是实现计算机辅助制造的基本手段。

2.2　二维工程图样表达

2.2.1　图样表达的发展

图形的起源可以追溯到远古时期，人类的祖先除了使用语言、声音、动作、表情以外，还会采用单纯的、象征性的图形把对自然的感悟和对生活的记录刻画在岩壁、树皮或动物的皮毛上，从而创造出了表达精神、思想的视觉化图形。这些图形符号不仅仅是人们在生活生产等方方面面的情感交流和信息传递，更为重要的是触发了人类审美意识的萌生。据出土文物考证，距今一万年前的新石器时代，我们的祖先们就可以绘制出一些几何图形、花纹等简单图案，如图 2.5 所示。

图 2.5　我国出土文物上的几何图形

随着时代的进步，图形表达发展成两个截然不同的方向：艺术和技术。相比之下，艺术注重表达，而技术则强调功能。艺术具有技术性、审美性和形式性的特征，以"美"的范畴统摄各门类，指绘画、雕刻、建筑、诗歌、音乐、舞蹈等。对于艺术家来讲，艺术是用以表达自己心灵、情感等的一种手段。而技术是解决问题的方法及方法原理，是指人们利用现有事物形成新事物，或是改变现有事物功能、性能的方法。工程师在产品设计或工程建造时，常常将图样作为表达设计思路的工具。

公元初期，罗马建筑师已经能够熟练地绘制建筑工程设计样图，他们可以用直尺和圆规绘制平面图和立体图。到了文艺复兴时期，透视法的发明和应用让艺术家在二维平面模仿或还原三维空间方面取得了突破性进展，绘画由此在艺术史上建立起一套经典的写实体系。

中国的图学传统更加源远流长。《尚书·洛诰》中"我卜河朔黎水，我乃卜涧水东，瀍水西，惟洛食；我又卜瀍水东，亦惟洛食。伻来以图及献卜。"是我国建筑用图的最早记载。《周礼·考工记》中明确记载了"规、矩、绳、墨、悬水"等画图工具。自秦汉起，已有关于图样的史料记载，人们能根据图样建造宫室。唐代《历代名画记》不仅是我国古代画论较为完备的论著，也是中国工程图学史上包罗甚广的百科全书式科学著作。宋代《营造法式》一书总结了我国历史上的建筑技术成就，是一部建筑图样的宏伟巨著，全书 36 卷，其中 6 卷为图样，包括平面图、轴测图、透视图，图中运用投影法表达了复杂的建筑结构，在当时是极为先进的。元代《梓人遗制》是我国古代介绍以木材为主要制造材料的机械设计及其方法的著作，其中的设计图样不仅包括总装图，还包括部件图和零件图，即"每一器必离析其体，而缕数之，分则各有其名，合则共成一器。"

十八世纪，工业革命促进了一些国家科学技术的迅速发展，也引起了新的设计和表达形式。法国科学家蒙日（Gaspard Monge）在总结前人经验的基础上，根据平面图形表示空间形体的规律，应用投影方法把三维空间关系用二维图形准确地表示出来。《画法几何学》的问世标志着图形技术由经验上升为科学，既奠定了图学理论的基础，又实现了工程图表达与绘制的规范化。以画法几何为基础的工程制图为工程与科学技术领域提供了可靠的理论工具和解决问题的有效手段。

随着生产技术的持续进步，器械图样的形式和内容也得到了长足发展，越发接近现代工程图样。明代《武备志》全书图文并茂，除《兵诀论》和《战略论》外，其他三门类共附有图样、图式、图表等 738 幅，书中所绘兵器图样为研究明代兵器制图技术的成就提供了重要资料。而清代《算法统筹》一书的插图中更是出现了关于丈量步车的装配图和零件图。

我国的制图技术在历史上虽有过光辉的成就，但因长期的封建统治，理论上缺乏完整的系统总结；后又因半封建半殖民地的社会形态，工程图学因此停滞不前。20 世纪 50 年代，我国著名学者赵学田教授简明通俗地总结了三视图的投影规律——长对正、高平齐、宽相等。1956 年，我国机械工业部颁布了第一个部颁标准《机械制图》；1957 年，我国开始了计算机绘图的研制工作；1959 年，国家技术委员会颁布了第一个《机械制图》的国家标准，随后又颁布了国家标准《建筑制图》，使全国工程图样标准得到了统一，标志着我国工程图学进入了一个崭新的阶段。

随着科学技术的发展和工业水平的提高，技术规定不断修改和完善，国家标准《机械制图》先后数次得到修订，一系列《技术制图》与《机械制图》新标准被颁布。党的二十大报告指出，近十年来，我国"基础研究和原始创新不断加强，一些关键核心技术实现突破，战略性新兴产业发展壮大"。同样地，各项工程技术的发展，也推动我国在改进制图工具和图样复制方法、研究图学理论和编写出版图学教材等方面取得了可喜可贺的成绩。在"新工科"背景下，各高校不断探索与推进工程图学相关课程的建设与教学改革，从而适应新形势对人才的新需求。

2.2.2　画法几何

画法几何采用图形和投影原理解决空间几何关系，即把三维空间里的几何元素投射在两个正交的二维投影平面上，并将它们展开成一个平面，得到由两个二维投影组成的正投影图，该正投影图可准确唯一地表达这些空间几何元素，如图 2.6 所示。

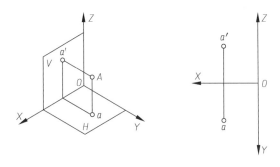

图 2.6　空间点的投影

蒙日在其所著的《画法几何学》中写到，这门学科有两个重要的目的：
（1）在只有两个尺度的图纸上，准确地表达出具有三个尺度才能严格确定的物体；
（2）根据准确的图形，推导出物体的形状和物体各个组成部分的相对位置。

2.2.3　机械制图

观察一下身旁的物品：手机、计算器、电话、椅子等，这些产品虽然具有不同的形状和大小，但它们都是根据工程图样从各种原材料加工和装配成现在所看到的实物。

机械工程领域使用的工程图样主要是机械图样，机械图样又分零件图和装配图两类。机械图样是机械工程领域使用最广泛的"语言"，是用于技术交流和指导生产的重要技术文件之一。

机械图样有严格的制图标准，必须采用一定的制图技术。

1. 制图标准

机械制图国家标准是统一工程语言的基本法规。绘制和阅读技术图样都需要遵循这些国家标准的规定。

为了保证图纸能够在不同国家甚至是世界范围内交流。由来自于 145 个国家和地区的标准研究所组成的国际标准组织（ISO）公布了关于科技、金融和政府的多达 13700 份的不同标准。进入 http：// www. sac. gov. cn / 可以获得有关国家标准的最新信息。

2. 制图技术

"制图技术"的含义很广，内容也很丰富。可以这样认为："向人们提供以图形或图像为主的形象信息技术，皆可称为制图技术。"它是由使用绘图工具手工绘制产品图样的技艺发展起来的。在科学技术突飞猛进的今天，一方面，计算机绘图逐步取代手工仪器绘图，它提高了制图技术水平和图样质量。另一方面，计算机辅助设计和制造使得无图纸设计和生产成为可能。

2.3　工　程　设　计

工程设计是根据客观需求，激发人们的创造性思维，运用科学原则、经验和创造力发明出解决现有问题的一种有效方法。产品开发由两个主要过程组成：设计过程和制造过程。

设计过程始于由市场人员认定的用户需求，止于对产品的完整描述，通常用工程图样来表现。制造过程则始于产品的生产工艺，止于产品发运。

随着工业水平的发展，工程设计已经渗透到从产品研发、制造直至销售的整个产业链中，且起着举足轻重的作用，如图 2.7 所示，产品的开发设计在产品开发的全周期所占的工时成本只有 5%，而对产品成本所产生的影响要占到 70%。

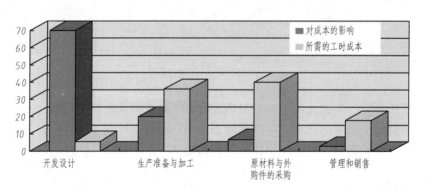

图 2.7　设计工作的重要性

工程设计是一个复杂的思维过程，在这一过程中蕴含着创新和发明的机会。它要求设计者对最终产品的功能和性能有一个清晰的了解，想象和创造出新的设计思路，并通过三维数字化模型或工程图样将设计思想准确无误地表达出来。如图 2.8 所示的数字化模型表达了根据图 2.1 所示的产品概念草图所设计的两款产品。

图 2.8　数字化产品模型

2.3.1　设计灵感

人类充满创造潜能，并拥有设计方面的天赋，只要学会设计过程中所采用的手段和方法，每个人都能够成为设计师。设计灵感的源泉一般来自以下几个方面。

1. 个人创新技巧

创新设计往往是在已有产品技术基础上的综合。在进行工程设计时，借鉴好的设计想法是十分可取的。

现今的科学技术飞速发展，优秀的设计层出不穷，通过研究优秀产品和专利产品的设计手册和设计图纸等，博采众长，并加以巧妙地组合，可将优秀的设计进行更改或者直接运用到自己的设计方案当中。例如，把计算机和机床组合在一起，就形成了如图 2.9 所示的数控机床。再如铁心铜线电缆则组合了铜线导电性能好、耐腐蚀和铁线成本低、强度高的优点。

2. 改良设计

针对已有的先进产品，对其进行分析、解剖和试验等研究，了解其材料、组成、结构、性能和功能，分析和掌

图 2.9　数控机床

握其工作原理等关键技术。在消化、吸收和引进先进技术的基础上，结合自身的特色，改进或改良已有的设计。利用移植、组合、改造等方法，进行仿制、改进或发展创新产品。这一工程技术也被称为逆向工程（Reverse Engineering，RE）。

逆向工程是一种新产品开发方法。首先使用坐标测量机（图 2.10）对样品或实物进行高速扫描，得到其三维轮廓数据。然后用反求软件构造其三维数字化模型，并用 CAD 软件进行进一步修改和创新设计。最后将设计结果进行快速成形（rapid prototyping，RP）或数控加工（computer numerical control，CNC）。逆向工程技术被认为是"将产品样件转化为 CAD 模型的相关数字化技术和几何模型重建技术"的总称。

图 2.10　坐标测量机

逆向工程作为消化、吸收和掌握先进技术经验的一种手段，可使产品研制周期缩短百分之四十以上，极大地提高了生产率。例如，美国人发明的晶体管技术，原来仅用于军事，日本索尼公司买到晶体管专利技术后，利用逆向工程技术进行反求研究，将其移植于民用领域，开发出晶体管半导体收音机，该产品迅速占领了国际市场。

3. 仿生设计

自然界对设计师而言，是个取之不尽、用之不竭的"设计资料库"。自然界的动植物经历了几百万年适者生存法则的自然进化后，不仅完全适应自然，而且其进化程度也接近完美。研究这些自然的"设计"，设计师能够从中获得启发。

人类常常将生物的某些特性运用到创造发明之中。例如，蜂巢是结构设计的杰作，如图 2.11 所示，合乎"以最少材料"构成"最大合理空间"的要求，且极坚固。根据蜂巢的构造，人们仿制出了蜂窝类层结构复合材料，具有力学性能优异、重量轻、不易传导声和热等特点，是建筑及制造航天飞机、宇宙飞船、人造卫星等的理想材料。例如，蜻蜓翅膀是空气动力学的杰作，如图 2.12 所示。科学家根据蜻蜓的飞行原理研制成功了直升机；并根据有加重翅痣的蜻蜓在高速飞行时安然无恙的原理，在飞机的两翼加上了平衡重锤，解决了因高速飞行而引起振动的棘手问题。又如，根据蛙眼的工作原理，科学家利用电子技术制成了雷达系统，能准确快速地识别目标。根据萤火虫 100% 光能转化效率的原理，人类发明了霓虹灯、LED 等冷光源，将发光效率提高了十几倍，大大节约了能量。再如仿昆虫单复眼的构造特点，人类造出了大屏幕模块化彩电和复眼照相机。仿照狗鼻子的嗅觉功能，人类造出的电子鼻可以检测出极其微量的有毒气体。诸多仿生设计产品体现出令人惊叹的创造性。

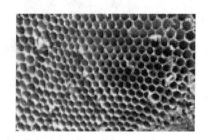

图 2.11　蜂巢是结构设计的杰作　　　　图 2.12　蜻蜓翅膀是空气动力学的杰作

2.3.2　创新设计

自从建设"创新型国家"这个重大战略目标面世以来，"创新"已经成为我国的重要国策，创新决定着国家和民族的综合实力和竞争力。

创新能力是 21 世纪人才的综合素质之首，是面对社会挑战的必备基本能力。

创新能力是人的一种潜能，是人人都具有的一种能力，而且这种能力可以经过一定的学习和训练得到激发和提升。

现实生活中人们将发明创造更多地归结为发明家的任务，这是对创新活动的一个认识上的误区。事实证明创新和其他活动一样，也具有自身一套内在的规律和方法。熟知和掌握这些创新规律与原理知识，对于提升创新水平和效率都具有重要的价值。

长期以来，世界上存在约有 300 多种创新技法，比较有影响力的有头脑风暴法和 TRIZ 理论等。

1. 头脑风暴法

创新设计团队在创造性的设计过程中十分重要。设计团队一般由拥有不同经验的人组成，例如，设计人员、生产技术人员、市场销售人员等。

人的创造性思维特别是直觉思维在受激发的情况下能得到较好地发挥，因此，团队中最常使用的创造方法是头脑风暴法。

头脑风暴法是团队成员集中在一起，举行一种特殊的小型会议，针对某个问题进行讨论时，与会者毫无顾忌地提出各种想法，由于个人知识、经验不同，观察问题的角度和分析问题的方法各异，提出的各种主意能彼此激励，相互启发，填补知识空隙，引起联想，形成创意设想的连锁反应，启发诱导出更多创造性思想，达到创新的目的。

头脑风暴可以刺激、启发和促使设计师基于其他组员的想法，从不同角度审视产品的设计。在头脑风暴的过程中，应不加评判地列出所有创意。"头脑风暴"的首要目标是数量而不是质量，因为最初的 20～30 个创意将是非常熟悉的，因此没有什么用，创意越多，通过合成其中 2 个或多个创意，得到创新视角的可能性就越大。在"头脑风暴"阶段，通常要求参与者提出远远多于必须的创意来解决已知问题。图 2.13 所示为以"挤碎柠檬的方法"为主题的头脑风暴法创意。成功的头脑风暴所要遵循的首要原则也是最重要的原则，就是不对他人的想法进行批评，批评只会影响创造的进程；须遵循的第二个原则是准备尽可能多的新想法，这不是应该保守的时候，而是应该大量吸收新想法的时候，疯狂或荒唐的想法可能会导致一个更切实际的创新想法的产生；须遵循的第三个原则是将头脑风暴中产生的想法整合成一个具体的设计。一旦设计团队致力于一个特定的设计，每一个设计师都将把头脑风暴的成果结合到自己的设计中去。头脑风暴的目标是要产生出令人惊讶的产品创新设计，而不是熟悉和正统的产品创意。

2. TRIZ——发明问题解决理论

TRIZ（theory of inventive problem solving）是"发明问题解决理论"的简称，原苏联发明家 G. S. Altshuller 带领一批学者从 1946 年开始，对世界上 250 多万件发明专利进行了归纳整理，得到以下两个结论：

（1）不同领域、解决不同问题的专利却有着极其相似的创新理念和类似的解决方法；不同国家的不同发明家在他们各自独立研究某一系统的技术进化问题时，能得出相同的结论。

（2）原创性的发明中有一定的普遍规律可循，产品及其技术的发展总是遵循着一定的进化规律，人们根据这些进化规律就可以预测技术系统未来的发展方向。

因此，Altshuller 等指出：创新所寻求的科学原理和法则是客观存在的，大量发明创新都依据同样的创新原理，并会在后来的一次次发明创新中被反复应用，只是被使用的技术领域不同而已，所以发明创新是有理论根据和有规律可遵循的。

Altshuller 等通过对 250 万件发明专利进行分析研究，综合多个学科领域的原理、法则，形成了 TRIZ 理论体系。提取出 40 条创新原理，形成 8 大技术系统进化法则，构成 TRIZ 理论的核心内容。

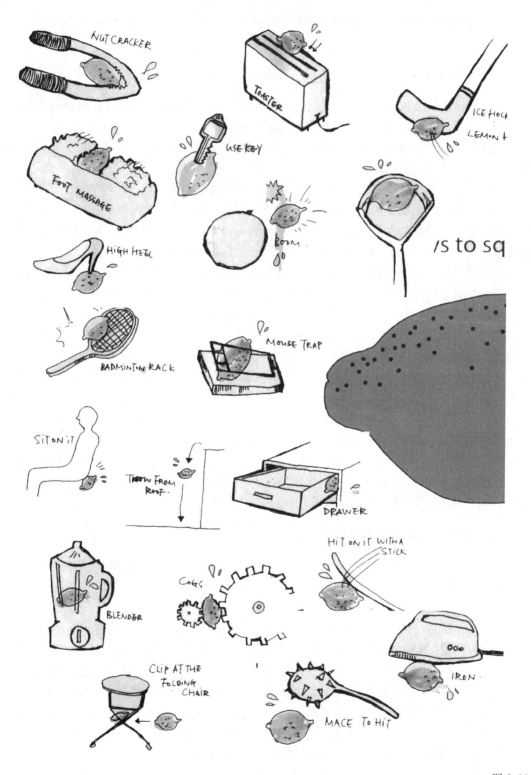

图 2.13

"挤碎柠檬的方法"头脑风暴

1）40 条创新原理举例

第 7 条创新原理为"将小物体置于中空的大物体内以节省空间"。如俄罗斯套娃（图 2.14）、伸缩天线、推拉门……

图 2.14　俄罗斯套娃

该创新原理在以下不同领域得到了应用：
（1）1965 年使施肥机适应不同的农作物间距；
（2）1979 年减少爆破压制超导线圈的废品率；
（3）1988 年减少电容器的体积；
（4）1990 年减少船舶双螺旋推进器的体积；
（5）1994 年缩短扭力杆的长度。
……

2）8 大技术系统进化法则举例

8 大技术系统进化法则中的第三个法则是动态性进化法则，该法则认为产品和技术系统的进化应该沿着向结构柔性增加的方向发展，以适应环境状况或执行方式的变化。图 2.15 表示了量尺、计算机键盘和切割刀具 3 种产品的演变情况，它们都遵循了从刚性逐渐向柔性发展的进化规律。根据这些进化规律就可以预测产品和技术系统未来的发展方向。

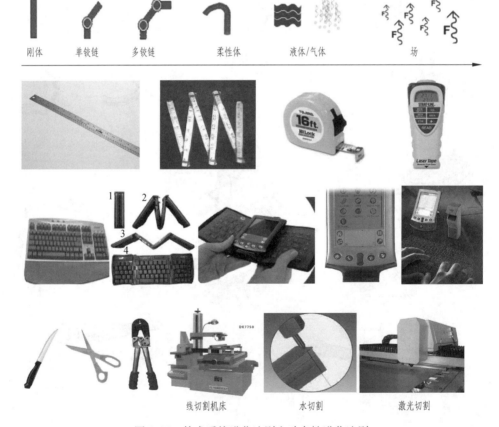

图 2.15　技术系统进化法则之动态性进化法则

综上所述，TRIZ 理论是一门科学的创造方法学。运用这一理论，可加快人们创造发明的进程，得到高质量的创新产品。

2.3.3　设计过程

设计是一种能够将想法、科学原理、资源以及现有产品归结为解决某种问题的能力，设计中这种解决问题的方法也就是我们说的设计程序。

一个成功的产品设计过程包含了设计、制造、装配、销售、服务等多种因素，它由许多简单可行的阶段组成。在进行产品的创新设计或改良设计时，一般可将其划分为最基本的五个步骤，如图 2.16 所示。如果其中某一个阶段进行得不理想，可能需要返回上一个步骤并不断重复，就像图中虚线所指示的那样。这种不断重复的过程被称为循环。

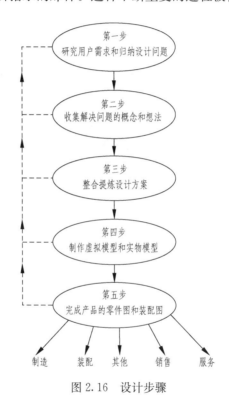

图 2.16　设计步骤

步骤 1. 研究用户需求和归纳设计问题

作为设计师，必须要了解用户需求。哪些人会对设计的产品感兴趣？设计是面向特定的用户还是整个社会公众？例如，航天飞机中某个部件的设计并不需要考虑适合于整个社会，它有着有限的市场和用户。但在设计一个要求用户来完成最后安装的家庭跑步机时，则需要充分考虑到绝大多数用户的操作能力以及跑步机的机械性能。因此在设计开始阶段，设计师必须了解和锁定产品的最终用户。

在开始设计之前，了解这一产品是否需要满足某一国家标准或规定，或是必须采用某一部门或行业标准，这一点十分重要。

任何设计过程都包含着妥协，因为任何一个产品都要受到经济因素、安全性能、可制造性、审美情趣、道德规范和社会影响等方面的制约。例如，国家标准限制了某种材料的使用，因此，设计可能要采用另一种形态，而不是设计师最初的构想，因为会出现材料或生产过程成本过高，或是某种原料无法得到等情况。对于设计师来说，很重要的一点是必须清楚在设计的过程中，让步和必要的妥协很大程度上会存在。

工程设计涉及的范围很广，从简单廉价的电灯开关到涉及地面旅行、空间探测、环境控制等方面的复杂系统。可能设计出的产品十分简单，如广泛使用的带拉环结构的饮料罐（图 2.17），它的开启十分简便和安全，但该产品的生产方法和步骤则需要做相当大的工程和设计方面的努力。又如图 2.18 所示的波音 777 飞机是复杂系统设计的一个例子，它的设计和制造是 20 世纪 90 年代现代制造业的标志性发展。它使用三维 CAD 制图技术，实现了全数字化定义（无纸生产）、数字化预装配（无金属样机的生产）、广域网上的异地设计和异地制造、基于 STEP 的数据交换、协同工作小组等。波音 777 飞机是将大量的设计制造工作与支持系统和相关 CAD 软件完美结合的产物。

图 2.17　饮料罐

图 2.18　飞行中的波音 777 飞机

在归纳问题阶段，设计师不仅仅能够认识到通过设计解决问题的必要性，更多的是通过一定的问题归纳而获得启示。与设计有关的各种信息被收集，设计耗时、经费、产品作用之类的限定因素和指导方针被一一确定。之后，设计师就围绕着这些问题展开工作。例如，待设计出什么产品？经费预算的上限是多少？市场潜力如何？产品售价是多少？什么时候进行模型评估测试？什么时候完成设计图纸？什么时候开始生产？什么时候投入销售？等等。

本阶段的问题归纳信息将成为下一阶段提出设计概念和想法的基础。

步骤 2. 收集解决问题的概念和想法

在这个阶段，TRIZ 理论、头脑风暴、产品形态分析和产品属性（质量、特征、风格）列表等都是扩展设计概念和想法的有效方法。对可能有利于解决问题的所有想法都要被收集整理，这些想法的范围非常广，包括合理的和不合理的想法，并且也不要求是最新的或是独一无二想法。想法可以来自个人，也可以来自集体，一个想法可能引申出更多的想法来，想法的数量越多，越有可能获得一个或多个值得进一步深化提炼的想法。所有可能产生启发的领域都应当被涉及，如技术文献、报告、设计和技术期刊、专利和现有产品等。甚至从用户那儿也能获得启发，已有产品的用户能够提供改进的意见，潜在的用户也有可能提供解决问题的方法。

在这一阶段并不对各种想法的价值进行评估。所有的笔记和草图都作为未来可能的专利产品的证明被标记、整理和保留。

步骤 3. 整合提炼设计方案

上个阶段中形成的多种多样的设计概念在经过慎重的考虑之后被挑选出来，互相融合成为一个或多个有可能的比较折中的解决办法。此时，最佳的解决方案被细致地评估并尽可能地简单化，使其更易于生产和维修，以及产品报废后更容易被处理。

提炼设计方案之后，则应该研究选用合适的加工材料，以及可能涉及的运动问题。例如，采用怎样的动力？是人工、电动还是其他方法？怎样运动？是将旋转运动转变成线性运动还是将线性运动转变成旋转运动？这其中大部分问题可通过绘制示意性的设计方案草图来解决。在方案草图中，多数零件和结构可采用骨架线表示。例如，滑轮和齿轮用圆代替，运动轨迹用中心线表示等。

方案草图完成后，通常就要画一张装配草图，如图 2.19 所示。在装配过程当中，一般情况下按常规经验、工程标准手册和实验数据等信息，确定各部分之间的基本比例，对在高速、高负荷和在特殊要求和环境下工作的零件，还须进行受力分析和详细计算。尽可能使用标准件。在装配图中展示各部分如何装配在一起，需要特别注意物体运动和安装的简便以及实用性等问题。

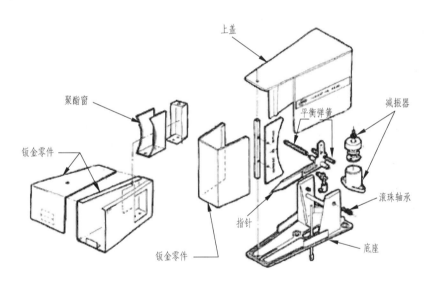

图 2.19　指示器的装配草图

装配草图完成后，通常就要绘制精确的 CAD 装配图（图 2.20），此时所有的主要零件和结构进行了强度和刚度等分析计算，功能也进行了精心设计。经费预算要时刻记在脑中，因为无论产品设计得多好，它都必须能够获得利润，否则时间和开发成本就被白白浪费掉了。

步骤 4. 制作虚拟模型和实物模型

通常情况下，本阶段会制作一个除了材料之外，完全按照最后要求制作的 1 : 1 的或是一个成比例的原始模型。如图 2.21 所示的模型就是根据图 2.1 所示的产品概念草图所制作的原始模型。用原始模型对设计进行分析、研究和评估。原始模型经过测试后在需要的地方进行修改，并将结果记录在修改后的草图和工作图上。

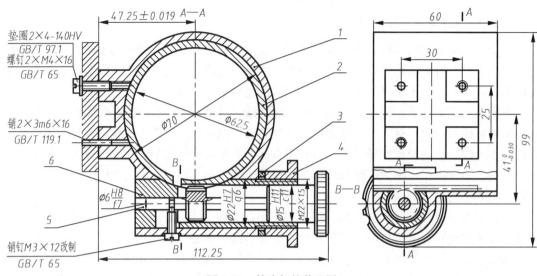

图 2.20　镜头架的装配图

三维 CAD 模型，也被称为虚拟模型或数字化模型，是由计算机生成的精确模型。它不仅可以非常精确和详细地提供与实体原始模型同等水平的信息，还可免去制作实体模型所需要的巨大花费。波音 777 飞机的所有复杂系统都是三维 CAD 模型，如图 2.22 所示。

图 2.21　原始模型

图 2.22　波音 777 数字化模型

步骤 5. 完成产品的零件图和装配图

在工业生产中，已确定通过的产品的最终设计方案要进行工程图样（零件图和装配图）的设计。每一个要生产的零件都要绘制零件图（图 2.23），图上不仅要表明零件各部分结构的形状和相对位置，还须标注详细的尺寸和技术要求，使零件能够被完全表达清楚。加工和检验零件时需要使用零件图。装配图表达了机器或部件的工作原理和装配关系，在产品装配和维修时需要使用装配图。

标准件不需要绘制零件图，但要在装配图中显示出来，并在装配图的零件序列表中列出规格。

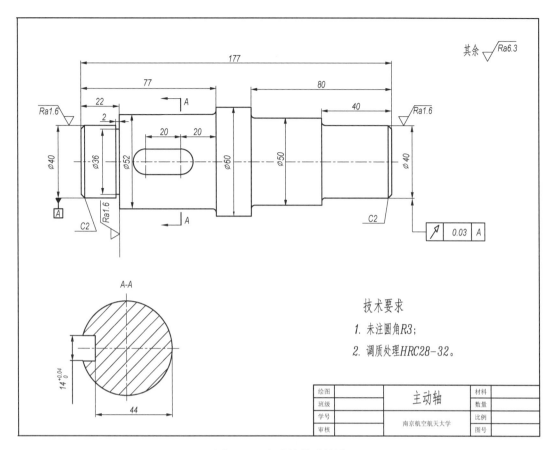

图 2.23　主动轴的零件图

2.4　计算机辅助设计

在设计过程中，利用计算机作为工具，帮助工程师进行设计的一切实用技术的总和称为计算机辅助设计（computer aided design，CAD）。CAD 技术通过利用计算机进行设计、工程分析、优化、绘图和文档制作等设计活动，把设计人员的思维、综合分析能力与计算机的快速、准确和易于修改的特性综合起来，从而加速了产品的设计速度，提高了设计质量。

从广义上讲，CAD 技术包括二维工程绘图、三维几何设计、有限元分析（PEA）、数控加工编程（NCP）、仿真模拟、产品数据管理、网络数据库及上述技术（CAD/CAE/CAM）的集成技术等。CAD 技术是综合了计算机科学与工程设计方法的最新发展而形成的一门新兴学科。

2.4.1　CAD 发展概况

CAD 作为一门学科始于 20 世纪 60 年代初期，已有五十多年的历史。CAD 技术已进入实用化阶段，广泛应用于机械、电子、航空宇航、船舶、汽车、建筑等领域。

目前，CAD 技术正朝着标准化、集成化、网络化、智能化等方向发展。另外，计算机辅助设计与制造（computer aided design/manufacturing，CAD/CAM）及计算机集成制造系统（computer integrated manufacturing systems，CIMS）都是 CAD 技术发展的重要方向。

1. CAD 系统组成

一个 CAD 系统由硬件和软件两部分组成，如图 2.24 所示。要想充分发挥 CAD 的作用，必须要有高性能的硬件和功能强大的软件。

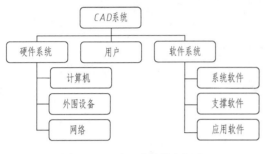

图 2.24　CAD 系统基本组成

CAD 系统的硬件由计算机及其外围设备和网络组成。计算机分为大型机、中小型机、工作站和微机四大类。外围设备包括鼠标、键盘、扫描仪等输入设备和显示器、打印机、绘图仪等输出设备。

CAD 系统的软件分为系统软件、支撑软件和应用软件三类。支撑软件包括程序设计语言、数据库管理系统和图形支撑软件。应用软件是根据本领域工程特点，利用支撑软件系统开发的解决本工程领域特定问题的应用软件系统。

2. CAD 系统分类

CAD 系统一般分为二维 CAD 系统和三维 CAD 系统。

二维 CAD 系统用于绘制产品的工程设计图纸，系统内表达的任何设计都变成了"点、线、圆、弧、文本……"等几何图素的集合，系统记录了这些图素的几何信息。

三维 CAD 系统的核心是产品的三维数字化模型。设计人员利用三维 CAD 系统构造产品的三维模型，并能从各个不同的方向观察、缩放和移动产品的三维模型。CAD 系统还可以自动生成该产品的工程图纸。目前，三维 CAD 系统已经从早期的曲面建模，发展到实体建模和特征建模。三维 CAD 系统在产品的零件设计、装配设计、模具设计、钣金设计和数控加工等方面提供了强大的功能。

目前，我国流行的二维 CAD 系统主要有 AutoCAD、CAXA 等。高端的三维 CAD 系统主要有 UG、CATIA、Creo Parametric 等，中端主流的三维 CAD 系统主要有 SolidWorks、SolidEdge、Inventor 等。

3. 二维 CAD 系统与三维 CAD 系统

出品 Pro/ENGINEER 的美国 PTC 公司首席技术执行官 James Hepelmann 在 2003 年一次采访中说："过去采用二维 CAD 进行设计，现在开始采用三维 CAD 进行设计，然后整合到产品中。但是仍然存在二维绘图的需要，这是一个过渡阶段。三维 CAD 系统普及化，还需要用 10 年到 15 年。"

出品 AutoCAD 的 Autodesk 公司第一副总裁卡尔巴斯在 2003 年的一次采访中说："过去我们做过一次预测，认为三维 CAD 很快要取代二维软件。现在我们的观点又发生了变化，三维软件与二维软件将在很长的一段时间内共存。这是因为二维的工程图形是传统的，是大家公认的设计信息的一种表达方式……二维软件还会有发展空间。从全球情况来看,用户约有 30%使用三维设计,而 70%仍使用二维设计。Autodesk 的目标就是让这 70%尽快转入三维设计。"

根据中国制造业信息化 2003 年度报告,在我国工程设计和机械行业的骨干企业中,应用二维 CAD 的已达 92%,但使用三维 CAD 的企业只有 34%。为此,国家在 2001 年启动的制造业信息化工程中,将设计数字化作为战略目标之一,并将数字化设计与制造确定为重大关键共性技术,重点开发 CAD、PDM、CAPP 和 CAM 系统。

2.4.2　二维工程绘图软件 AutoCAD 简介

AutoCAD 是美国 Autodesk 公司开发的计算机辅助设计绘图软件,图 2.25 所示为 AutoCAD 的运行界面。在众多基于微型计算机硬件平台的 CAD 软件中,AutoCAD 作为 Autodesk 公司的旗舰产品,占据着二维 CAD 应用领域的主导地位。

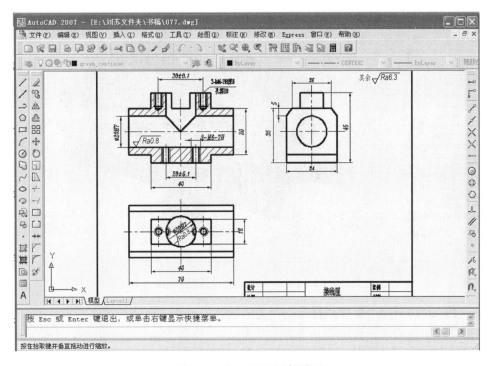

图 2.25　AutoCAD 运行界面

AutoCAD 已经具有世界上 18 种语言的相应版本,拥有广泛的用户群体。Autodesk 公司目前正式的用户数量是 700 万,有超过一半的用户用 AutoCAD 做着日常的设计工作。正是因为 AutoCAD 的普及性,使得 AutoCAD 和其用来表达设计结果的 DWG 文件,成为今天默认的工程设计领域的语言。

AutoCAD R1.0 于 1982 年在美国首先被推出后,一直持续不断地在向前发展。在其后的 25 年中,Autodesk 公司相继推出一系列的更新升级版本,直至目前的 AutoCAD 2010。AutoCAD 是一个开放的平台,众多专业产品和纵向产品构筑在 AutoCAD 平台之上,沿着各自的专业方向发展,使得用户在相关专业方向可以得到更高的设计效率。

总之，AutoCAD是一个一体化的、功能丰富的、面向未来的、世界领先的设计绘图软件，可以将用户与设计信息、用户与设计群体、用户和整个世界紧密地联系在一起，为用户提供了一个优秀的二维设计环境及绘图工具，显著提高了用户的设计效率，充分发挥用户的创造能力，帮助用户把构思转化为现实。

2.4.3 三维工程设计软件 Creo Parametric 简介

Creo Parametric 是美国参数技术公司（parametric technology corporation，PTC）开发的三维 CAD 系统，是一个基于特征的参数化特征造型系统，Creo Parametric 系统界面如图 2.26 所示。

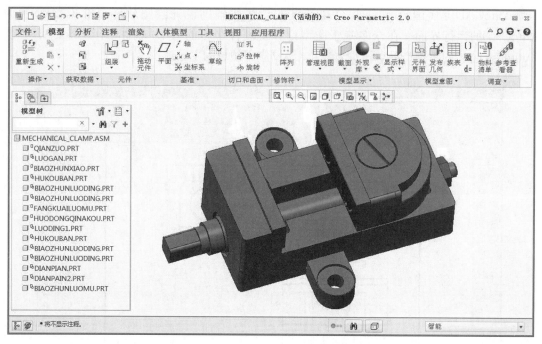

图 2.26　Creo Parametric 组件设计模块的系统界面

Creo Parametric 是个集成并且完全相关的软件，由许多模块组成。基本软件包里包含有草图模块、零件模块、绘图模块和组件模块。除 Creo Parametric 以外，Creo 还包含有 Cero Direct、Creo Illustrate、Creo Simulate 等应用程序。

Creo Parametric 具以下三个特点。

1. 基于特征建模

Creo Parametric 采用基于特征的实体建模技术。零件由特征经过叠加、挖切、相交、相切等操作构造而成，如图 2.27 所示。

2. 参数化

参数化设计是通过参数、关系和参照元素的方法把零件的设计意图融入到模型里。参数化使零件的设计、修改变得方便易行，用户在任何时候都可对零件的设计尺寸进行修改，如图 2.28 所示。

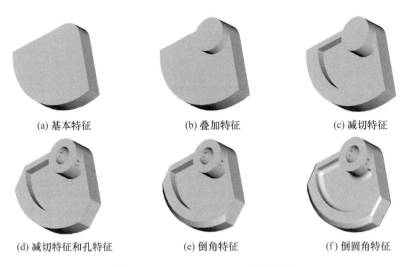

(a) 基本特征　　　　　　(b) 叠加特征　　　　　　(c) 减切特征

(d) 减切特征和孔特征　　　(e) 倒角特征　　　　　　(f) 倒圆角特征

图 2.27　Creo Parametric 特征建模

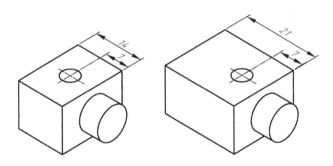

图 2.28　Creo Parametric 参数化设计

3. 全局相关性

Creo Parametric 采用了单一数据库，使零件设计、模具设计、加工制造等任何一个模块对数据的修改都可自动地反映到其他相关的模块中，从而保证设计、制造等各个环节数据的一致性。

2.4.4　CAD 与工程制图

虽然在绝大多数工程设计团队中，计算机辅助设计已经取代了传统的制图工具，但用于工程设计人员间交流沟通的工程图样的基本概念并没有变化。即使是使用计算机进行绘图和设计的工程设计人员，也首先要学习如何去绘制和理解工程图样的基本概念和基本原理。

因此每个工程设计人员都必须学习工程制图，了解最新工程制图标准，学习手工绘图和使用计算机进行绘图的方法，能正确阅读和绘制工程图样，这样工程设计团队中的每个成员才能够进行迅速而准确的交流。

本 章 小 结

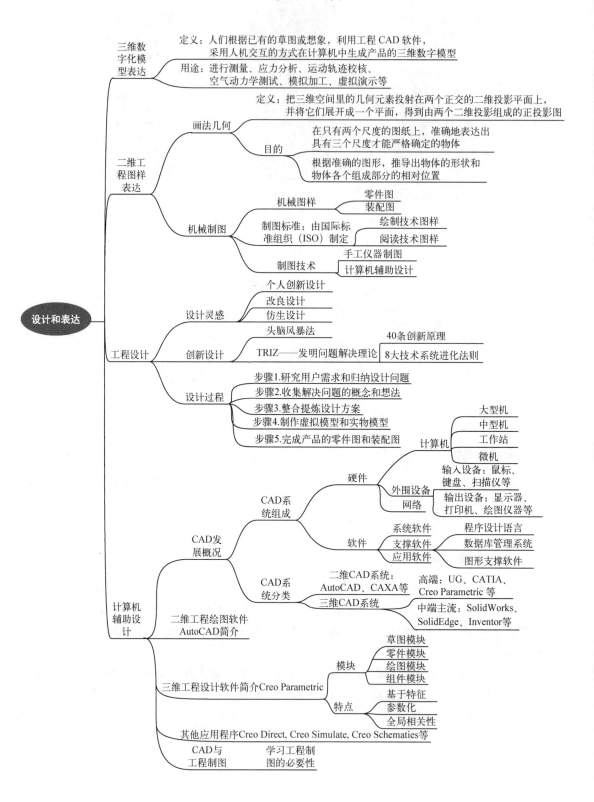

第3章 三维建模基础

随着计算机技术的不断提高，21世纪先进制造技术的一个显著特点是产品设计和制造的数字化。利用计算机辅助设计技术，可建立产品的三维数字化模型，将数字化模型贯穿到产品设计开发、制造和销售的产品生命全周期，可提高企业的市场反应速度，缩短产品开发周期，提高产品质量和生产效率。

机器或部件都是由若干零件按一定的装配关系和技术要求组装起来的，如图3.1所示为由众多零件和部件组成的汽车。

图 3.1 GM Seguel 汽车数字模型

零件是构成机器的最小制造单元，是组成机器的最基本的空间三维实体。

3.1 三维实体

三维实体按其复杂程度可分为基本几何体（图3.2）和组合体（图3.3）两类。

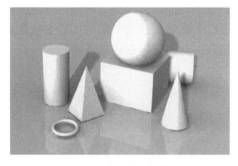

图 3.2 基本几何体

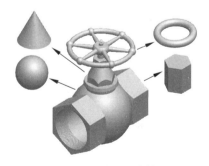

图 3.3 球阀组合体

组合体是由一些基本几何体按某种组合方式（如叠加、挖切等）组合而成的立体。图3.3所示的球阀组合体可以被分解成一些常见的基本几何体，如圆锥、球体、棱柱、圆环等。

根据基本几何体表面的几何性质，基本几何体又可分为平面立体和曲面立体两种。

3.1.1　平面立体

由若干平面围成的立体称为平面立体，常见的平面立体有棱柱、棱锥等，如图 3.4 所示。

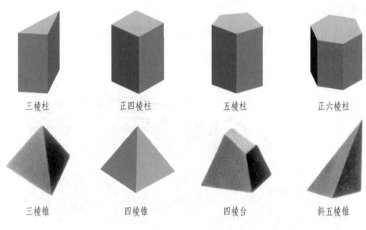

三棱柱　　　　正四棱柱　　　　五棱柱　　　　正六棱柱

三棱锥　　　　四棱锥　　　　四棱台　　　　斜五棱锥

图 3.4　常见的平面立体

棱柱的上下底面平行且形状相同，各棱线相互平行，各侧面均为平行四边形。相邻两侧面的交线为侧棱。侧棱不垂直于底面的棱柱称为斜棱柱；侧棱垂直于底面的棱柱称为直棱柱。底面是正多边形的直棱柱称为正棱柱。底面是三角形、四边形、五边形的棱柱分别称为三棱柱、四棱柱、五棱柱。

棱锥的底面为一多边形，侧面为有公共顶点的三角形。如果棱锥的底面是正多边形，且各侧面全等，称其为正棱锥。根据棱锥的底面形状，棱锥分为三棱锥、四棱锥、五棱锥等。

3.1.2　曲面立体

由曲面或曲面与平面围成的立体称为曲面立体。常见的曲面立体是回转体。一条平面曲线绕着它所在平面内的一条定直线旋转所形成的曲面称为回转面。由封闭的回转面所围成的几何体称为回转体。回转体有圆柱、圆锥、圆台、圆环、球体等，如图 3.5 所示。

圆柱　　　　圆锥　　　　圆环　　　　球体　　　　圆台

图 3.5　常见的曲面立体

3.1.3　组合体

　　基本几何体按一定的相对位置，经过叠加、挖切等组合方式组合，形成的较为复杂的形体称为组合体，如图 3.6 所示。

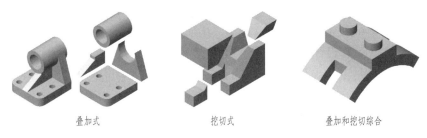

叠加式　　　　　　　　　挖切式　　　　　　　叠加和挖切综合

图 3.6　组合体的组合方式

　　更多组合体见表 3.1。

表 3.1　组合体

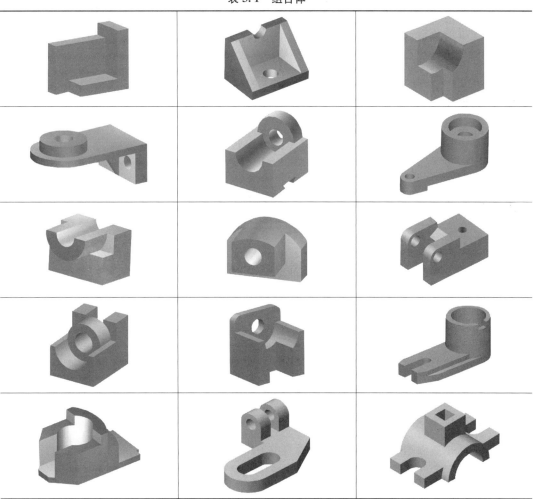

3.2 特征建模

以特征为基础的建模方法是 CAD 技术发展的一个里程碑。

利用工程 CAD 系统设计产品，不仅能构造出满足设计要求的结构、外形，还可以确定产品制造过程所需要的技术要求和技术数据，从而可用于制造可行性方案的评价、功能分析、过程选择、工艺过程设计等。

特征定义：特征是零件或部件上一组相关的具有特定形状和属性的几何实体，是设计和制造信息的集成。

特征可以分为形状特征、技术特征和装配特征。

形状特征又可分为基准特征、基本特征和附加特征。

基准特征有基准面、基准轴、基准点和基准曲线等。基准特征常常用作建立其他特征的参考特征。

基本特征分拉伸特征、扫描特征、旋转特征和混合特征等。目前常用的三维绘图软件的特征建模技术主要就是这四种，不同软件对其操作的命名稍有不同，但设计思路基本一致。由于零件建模的分析过程是相同的，因此一般只要熟练使用一个三维绘图软件，对其他三维绘图软件也会比较容易操作。根据设计要求，一般先选定草绘平面（sketch plane）和尺寸标注的参照，绘制截面图形；然后将截面图形经过拉伸、扫描、旋转或混合等特征操作，生成该基本特征，如图 3.7 所示。

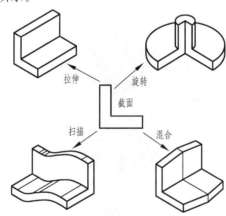

图 3.7 基本特征

附加特征是对已有的特征进行附加操作，包括圆角特征、倒角特征、孔特征等。

以下介绍几种常用基本特征的建模过程。

3.2.1 拉伸特征

拉伸特征是截面图形沿与草绘平面垂直的方向拉伸而成，如图 3.8 所示。拉伸特征适合于构造截面相同的实体特征，也是使用最频繁的特征之一。而且用它造型最快捷，只须绘制一个封闭的截面，拉伸即可。

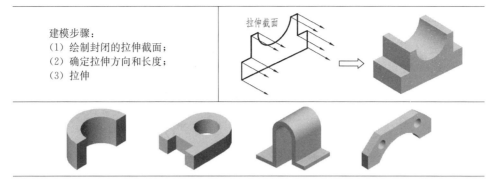

图 3.8　拉伸特征

3.2.2　旋转特征

旋转特征是截面图形绕一旋转轴旋转生成，如图 3.9 所示。回转体都可以采用旋转特征生成。以三维软件 CREO 为例，旋转特征需要绘制一个草图，其中包含一个封闭的截面和一条回转轴线。

图 3.9　旋转特征

3.2.3　扫描特征

扫描特征是截面图形沿着一条扫描路径扫描生成，如图 3.10 所示。以三维软件 CREO 为例，扫描特征需要绘制两个草图，一个用于定义扫描截面的形状，另一个用于定义扫描轨迹线。

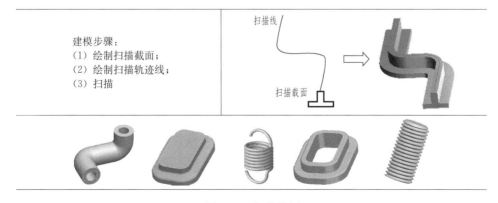

图 3.10　扫描特征

3.2.4　混合特征

混合特征是 2 个以上的截面图形沿着一条路径混合生成，如图 3.11 所示。

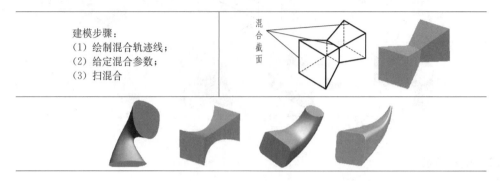

建模步骤：
(1) 绘制混合轨迹线；
(2) 给定混合参数；
(3) 扫混合

图 3.11　混合特征

3.3　布尔运算

复杂实体的数字化模型一般由基本特征进行叠加、减切和相交等布尔运算方式形成。布尔运算包括并、差、交三种基本的运算，图 3.12 所示为二维图形的布尔运算。

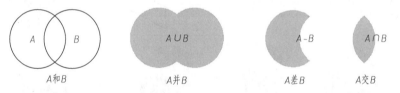

图 3.12　二维图形布尔运算

图 3.13 所示为三维实体的布尔运算，图中假设实体 A 为圆盘，实体 B 为长方体。

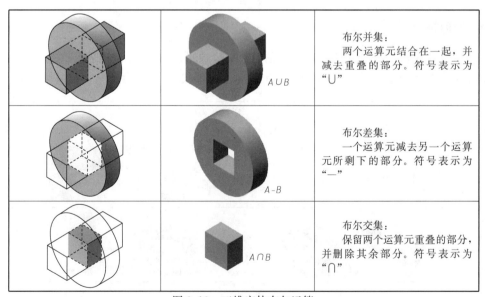

图 3.13　三维实体布尔运算

3.4　数字化建模

产品的三维数字化模型实际上是由一个或多个特征构成的，是特征的集合。

先由形状特征生成简单几何体，简单几何体经过并、交、差等布尔操作，生成一个新的三维数字化模型，如图 3.14 所示。

为了使构形过程更清晰有序，图 3.14 利用线框图，采用树形结构表达，并写明各结点间的运算关系，自下而上生成该形体。特别指出，这是计算机图形学中常用的三维建模的树形结构。实现三维造型的过程，基本就是从最下面节点到最上面节点的逆运算过程。目前常见的三维软件都能做到，只要草图是封闭的截面就可以直接进行拉伸旋转等特征造型的操作。如图 3.14 中的带孔的板，可以一次性地拉伸完成，没有必要再分解为一块板和一个圆柱单独造型再完成差操作的布尔运算。零件的建模过

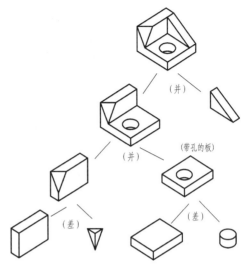

图 3.14　三维数字化模型建模实例

程并不唯一，可能有多种方式，但符合其加工过程及工艺的那种方式一定是最好的。想要熟练的做到这一点，需要设计者熟知该零件的加工工艺。

在实际使用中，一个形体有可能用多种造型方式完成造型，建议使用最简捷的造型方式，效率最高。比如生成一个圆柱体可以用拉伸、旋转，也可以用扫描完成，其中用拉伸特征生成一定是最快捷的。

3.4.1　构形分析

在许多情况下，同一组合体可以拆分成几种不同的简单几何体，因而导致不同的建模方法。同一个简单几何体也可以有不同的特征生成方法。

如图 3.15 所示组合体，可以用以下两种建模方法生成。

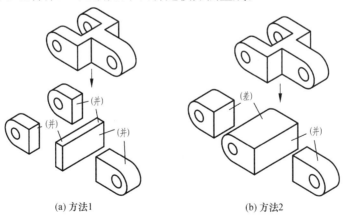

(a) 方法1　　　　　　　　　　　　　(b) 方法2

图 3.15　构形分析

同样的一些特征在经过不同的几何体运算后可以生成不同的组合体，如图 3.16 所示。

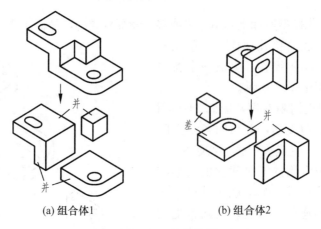

(a) 组合体1　　　　　　　　　　(b) 组合体2

图 3.16　几何构形

3.4.2　零件建模

随着科技水平的发展，三维 CAD 设计已在设计表达中占据越来越重要的地位，使用三维 CAD 系统进行设计具有以下优势：

(1) 基于特征的建模使得设计结果表达直观。

(2) 参数化功能使得三维模型的修改极其方便，有利于提高工作效率。

(3) 设计模型全局关联，使用一个数据库。这样能有效保证零件设计、装配设计、模具设计、数控仿真等模块的数据统一和准确。

三维 CAD 设计的核心技术是零件的数字化建模。所谓零件建模，就是根据零件的功能，从建立其第一个主要特征开始，逐个添加其他特征的过程。

如图 3.17 所示，零件建模是增量式建模，每次创建一个特征，特征可以是正空间或负空间特征。正空间特征是增加材料，如凸台、叠加块等；负空间特征是切除材料，指切除或缩进的部分，比如倒角、孔、槽等。

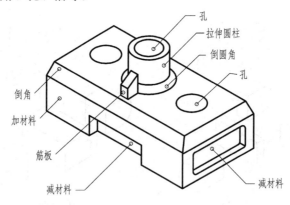

图 3.17　零件建模

零件建模的过程可以分为以下两个阶段。

1. 特征分析阶段

首先分析零件由哪些形状特征组成，然后确定零件的主特征（第一个建模的加特征），确定这些特征的创建顺序，分析特征与特征间的关系，以及确定每个特征的构造方法，这一过程是对零件按特征进行分解的过程，如图 3.18 所示。

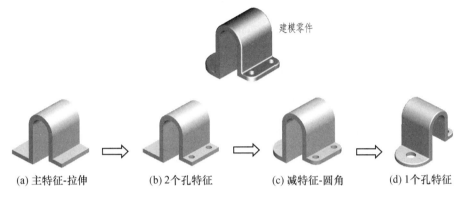

(a) 主特征-拉伸　　　　(b) 2 个孔特征　　　　(c) 减特征-圆角　　　　(d) 1 个孔特征

图 3.18　零件的特征分析

2. 零件建模阶段

利用三维 CAD 系统进行零件建模，先生成零件的主特征，然后按顺序逐个添加特征，或为加材料特征，或为减材料特征。一个形状特征类似一个加工工序，特征增量式叠加直至最后完成零件的建模，如图 3.19 所示。

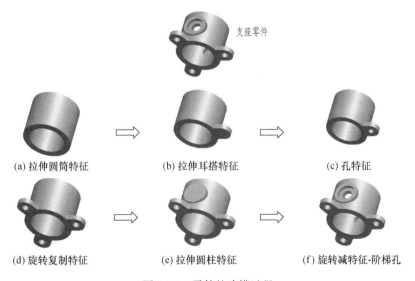

(a) 拉伸圆筒特征　　　　(b) 拉伸耳搭特征　　　　(c) 孔特征

(d) 旋转复制特征　　　　(e) 拉伸圆柱特征　　　　(f) 旋转减特征-阶梯孔

图 3.19　零件的建模过程

汽车右转向节零件的建模过程，如图 3.20 所示。

注意在特征造型过程中所做的布尔运算顺序对造型结果的影响。如例 3-1 所示。

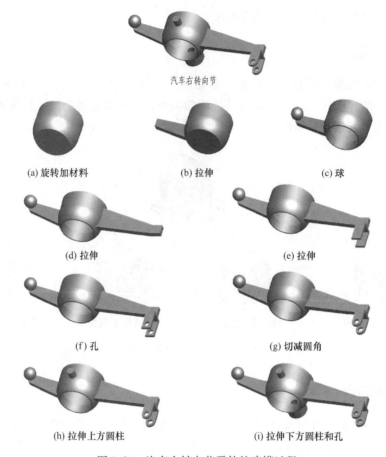

图 3.20　汽车右转向节零件的建模过程

【例 3-1】（1）说明一次生成以下形体所使用的最简捷的基本特征造型法。

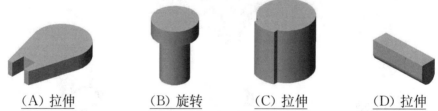

（2）说明由（1）中的简单形体生成（2）中的组合体所需进行的布尔运算，所有孔槽均为通孔通槽。

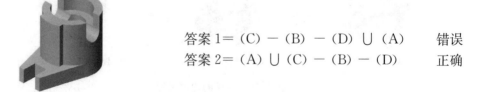

答案 1＝（C）－（B）－（D）∪（A）　　　　错误
答案 2＝（A）∪（C）－（B）－（D）　　　　正确

　　注意体会两种答案给出的布尔运算完成的形体之间的差别，题目要求所有的孔槽均为通孔通槽，第一种答案最后并上（A）板会导致已经形成的上下通孔堵塞，不符合题目要求。

本 章 小 结

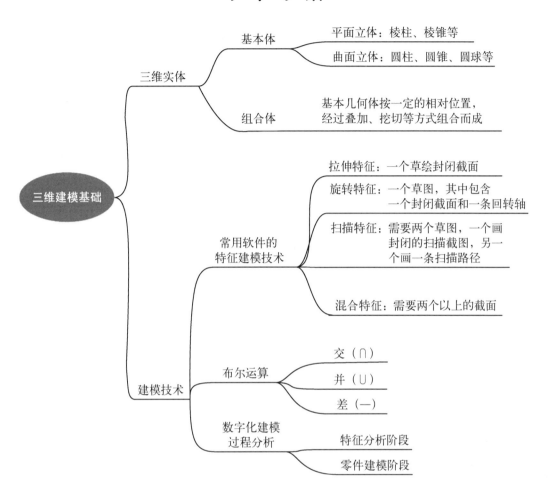

第 4 章　二维制图基础

机械设计的设计对象如零件、部件和机器，是具有形状、尺寸、材料等属性的三维空间实体。基于特征的建模使得设计结果表达直观。但是，在近现代工业的设计和制造过程中，技术思想的表达都是使用二维工程图样，工程图样也被称为"工程师的语言"。在长期的工程应用中，人们已积累了大量的、极具价值的用工程图样表达的技术资料，形成一套完善的标准化的设计交流工具。而且各个行业也形成大量的制图标准及规范，这些标准及规范目前还正在机械工业领域极其广泛和深入地被应用着。

按照我国的国情，在今后很长一段时间内，工程设计领域将是二维工程图与三维 CAD 设计共存，工程图样依然发挥其重要的不可替代的作用。

如图 4.1 所示为蝶阀的三维数字化模型和二维工程图。

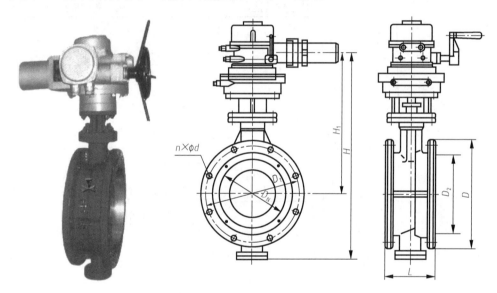

图 4.1　蝶阀的三维数字化模型和二维工程图

4.1　投影法与三视图

工程上是采用投影原理把三维物体准确、唯一地表示在平面图纸上。投影法是绘制工程图样的基础。

4.1.1　投影法的基本概念

当物体受到光线照射时，会在地面或墙壁上产生影子，人们根据这一自然现象，经过几何抽象创造了工程上所用的投影法。

　　所谓投影法，就是在一定条件下，求得空间形体在投影面上的投影的方法。获得投影应具备四个基本要素：投射中心（光源）、投射线（光线）、研究对象（被投射的物体）和投影面。

1. 投影分类

　　投影法分为两大类，即中心投影法和平行投影法。

　　中心投影法：当投射线相交于有限远点，这种投影法称为中心投影法，如图 4.2(a) 所示。用中心投影法得到的物体投影不能反映物体的实际大小，所以绘制机械图样时一般不采用。

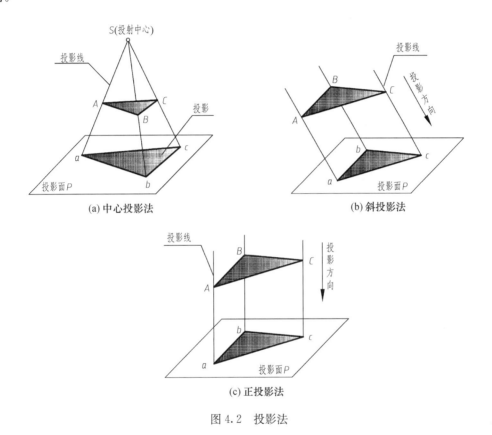

图 4.2　投影法

　　平行投影法：若将投射中心按指定方向移至无穷远处，则所有的投射线将互相平行，这种投影法称为平行投影法。其中根据投射线与投影面的相对位置不同，又可分为斜投影法和正投影法，如图 4.2 （b）、（c）所示。斜投影法的投影方向倾斜于投影面，正投影法的投影方向垂直于投影面。

2. 正投影的投影特性

　　工程图样使用正投影法，为了方便叙述，本书后面就将正投影简称为投影。

　　正投影法的投影具有以下三个特点。

（1）实形性：平行于投影面的直线其投影反映该直线实长；平行于投影面的平面其投影反映该平面实形。

（2）积聚性：垂直于投影面的直线其投影积聚成一个点；垂直于投影面的平面其投影积聚成一条直线。

（3）缩形性：倾斜于投影面的直线其投影小于该直线的实长；倾斜于投影面的平面，其投影小于该平面的实际形状，为平面的类似形。

3. 点、直线、平面的投影

点、线、面是组成空间物体的基本几何要素。点、线、面的投影也就成为三维实体投影的基础。因此掌握它们的投影规律和特点，对以后的画图和读图都具有十分重要的意义。

（1）点的投影。点的投影仍然为点。

（2）直线的投影。直线的投影由直线上两点的投影来确定。直线的投影一般仍为直线。

直线与投影面之间的位置关系有三种情况：平行、垂直、倾斜，其投影特性见表 4.1。

表 4.1　直线和平面的投影特性

图例		投影特性
与投影面平行		（1）实形性： 直线的投影为直线并反映空间直线的实长； 平面的投影反映平面的实形
与投影面垂直		（2）积聚性： 直线的投影积聚为一点； 平面的投影积聚为一直线
与投影面倾斜		（3）缩形性： 直线投影为长度小于空间直线实长的直线； 平面投影为缩小了的类似形

（3）平面的投影。平面的表示方法有五种：不在同一直线上的三点、一直线和该直线外的一点、相交两直线、平行两直线、任意平面图形。平面的这五种表示方法可以相互转换，通常用三角形来表示平面。

平面与投影面的位置关系也有平行、垂直、倾斜三种情况，其投影特性见表4.1。

4.1.2 三视图的基本概念

1. 视图

物体向投影面正投影，得到的图形称为视图。

用正投影法将物体向水平面投影，可以得到物体的一个视图，如图4.3所示。但从图中可以看出，多个不同的形体得到了相同的视图。这就说明，仅凭一个视图不能唯一确定物体的空间形状。所以，还需从其他方向进行投影，画出足够数量的视图，才能将物体表达清楚。

工程上采用多个视图表达物体，其中使用最多的是三视图。

图 4.3 一个视图不能唯一确定物体的空间形状

2. 三面投影体系及投影

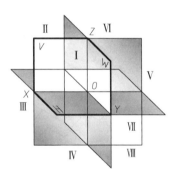

如图4.4所示，设置三个互相垂直的平面，组成三面投影体系。

三个互相垂直相交的投影面将空间分成八个部分，每部分为一个分角，依次为Ⅰ、Ⅱ、Ⅲ、Ⅳ、Ⅴ、Ⅵ、Ⅶ、Ⅷ分角。根据国家机械制图标准规定，我国采用第一分角投影来绘制图样，即将物体置于第一分角内进行投影，如图4.5所示。

图 4.4 三面投影体系

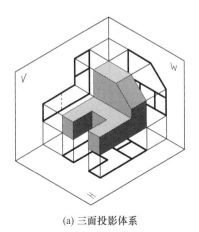

(a) 三面投影体系

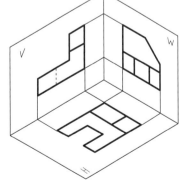

(b) 物体的投影

图 4.5 物体的三面投影

在三投影面体系中，三个投影面分别为：

（1）正面投影面，简称正平面，用字母 V 表示；

（2）水平投影面，简称水平面，用字母 H 表示；

（3）侧面投影面，简称侧平面，用字母 W 表示。

3. 三视图的形成及其投影规律

国家标准规定，在视图中，立体的可见轮廓线用粗实线表示，不可见的轮廓线用虚线表示，中心对称线和轴线用点画线表示。

由前向后对 V 面投影，得到正面投影，称为主视图；

由上向下对 H 面投影，得到水平投影，称为俯视图；

由左向右对 W 面投影，得到侧面投影，称为左视图。

为了使三个视图能画在一张图纸上，规定 V 面保持不动，水平面 H 绕 V 面和 H 面的交线向下旋转90°，侧面 W 绕 V 面和 W 面的交线向右旋转90°，如图4.6（a）所示。这样就得到同平面上的三视图，如图4.6（b）所示。为了简化作图，在生成三视图时不画投影面的边框线，各视图之间的距离可根据图纸幅面适当确定，也不需写出视图名称，如图4.6（c）所示。

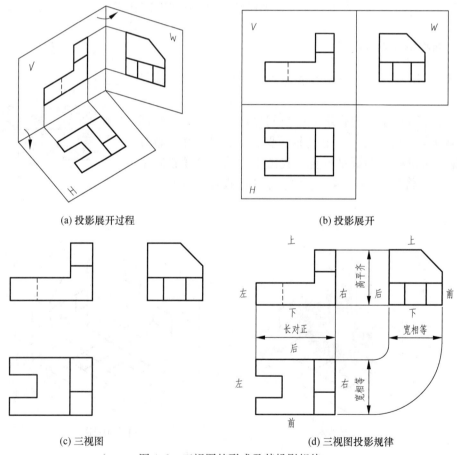

(a) 投影展开过程

(b) 投影展开

(c) 三视图

(d) 三视图投影规律

图 4.6　三视图的形成及其投影规律

三个视图共同表示同一物体，因此三视图是不可分割的一个整体。根据三个投影面的相对位置及其展开的规定，三视图的位置关系为：以主视图为准，俯视图在主视图的正下方，左视图在主视图的正右方。

把物体左右方向的尺寸称为长，前后方向的尺寸称为宽，上下方向的尺寸称为高。主视图反映了物体的长和高，左视图反映了物体的宽和高，俯视图反映了物体的长和宽。

三视图之间存在着下述投影规律：

（1）主视图和俯视图——长对正；

（2）主视图和左视图——高平齐；

（3）左视图和俯视图——宽相等。

在三视图中还应该特别注意物体的前后位置在视图中的反映，在俯视图和左视图中，靠近主视图的一边反映物体的后面，远离主视图的一边反映物体的前面，如图 4.6（d）所示。

如图 4.7 所示，规定空间点用大写字母，投影点用小写字母。空间 A 点在 H 面上的投影为 a，在 V 面上的投影为 a'，在 W 面上的投影为 a''。

图 4.7（a）、（b）中物体上的点 A、B、C、D，线 AB、BC、CD 和面 M，它们的三个投影都符合"长对正、高平齐、宽相等"的投影规律。

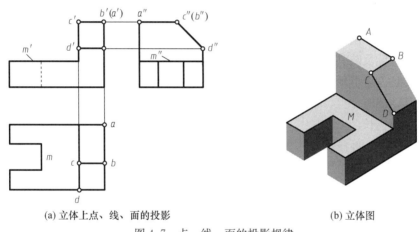

(a) 立体上点、线、面的投影   (b) 立体图

图 4.7   点、线、面的投影规律

与三个投影面平行或垂直的直线和平面称为特殊位置直线和特殊位置平面。

（1）特殊位置直线。直线与水平面、正面、侧面平行时分别称为水平线、正平线和侧平线。直线与水平面、正面、侧面垂直时分别称为铅垂线、正垂线和侧垂线。

（2）特殊位置平面。平面与水平面、正面、侧面平行时分别称为水平面、正平面和侧平面。平面与水平面、正面、侧面垂直时分别称为铅垂面、正垂面和侧垂面。

4.1.3　平面立体三视图

平面立体是由若干平面多边形围成的，因此它的投影可归结为其表面多边形的投影，进一步又可归结为各表面的交线以及各交线顶点的投影。

【例 4-1】　正六棱柱的三视图。

1）分析

如图 4.8 所示，正六棱柱由上、下两个底面以及六个棱面组成，上下底面平行且相等，各棱线互相平行并与底面垂直，因此作正六棱柱的投影时，作出上、下两个底面以及六条棱线的投影即可。

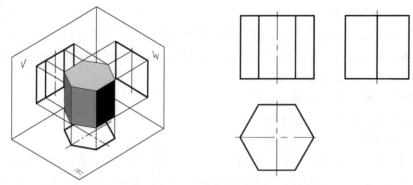

图 4.8　正六棱柱三视图

2）**作图**

作图步骤如下：

（1）选择安放位置及主视图投影方向。使正六棱柱轴线铅垂放置，其各个表面与投影面处于平行或垂直的位置。

（2）布置视图。画出各视图的基准线或对称中心线。

（3）先画最能反映其特征的视图。俯视图反映上、下底面的实形，为正六边形。六条棱线分别积聚在正六边形的六个顶点上。

（4）画其他视图。上、下底面在主视图和左视图上分别积聚为一条直线，六条棱线与投影面平行，反映实长。

（5）检查加深，标注尺寸，标注六棱柱底面的对边距离及高度尺寸。

【**例 4-2**】　四棱锥的三视图。

1）**分析**

如图 4.9 所示，四棱锥由底面及四个侧棱面组成。底面与水平面平行，故俯视图反映底面实形，为矩形。四个侧棱面的水平投影覆盖在矩形内。四棱锥的左、右两个棱面与正面垂直，在主视图上积聚为一条直线，前、后两个棱面与侧面垂直，在左视图上积聚为一条直线，因此四棱锥的主视图和左视图均为等腰三角形，且等腰三角形的高反映棱锥的高度。

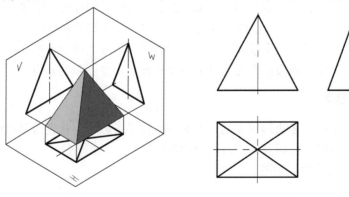

图 4.9　四棱锥三视图

2）作图

四棱锥三视图的作图步骤与正六棱柱类似。图 4.10 给出了正五棱柱和正三棱锥的三视图。

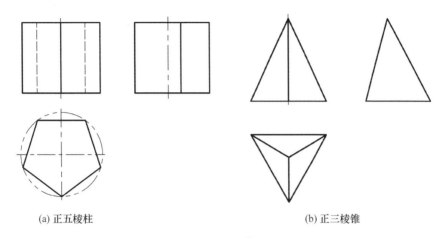

　　　　　(a) 正五棱柱　　　　　　　　　　　　　　　　(b) 正三棱锥

图 4.10　平面立体三视图

4.1.4　曲面立体三视图

由若干平面和曲面围成的立体称为曲面立体。工程上最常见的曲面立体为回转体。回转体上的回转曲面可看成由一条直线（或平面曲线）绕着它所在平面内的一条定直线旋转形成。其中绕定直线旋转的平面曲线称为母线，母线在回转面上的任意位置称为素线，母线上各点的运动轨迹都是圆，这些圆称为纬圆。纬圆的半径等于母线上该点到轴线的距离，纬圆所在平面垂直于回转轴线，如图 4.11 所示。

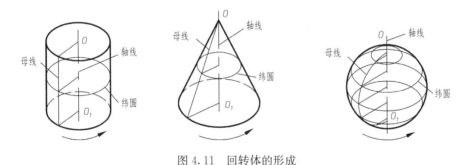

图 4.11　回转体的形成

表 4.2 所示为常见回转体的三视图。

由于回转面是光滑的，为了确定回转面的投影轮廓，应画出投影线与回转面相切处的切线的投影。如表 4.2 中圆柱体的投影，主视图和左视图为大小相同的两个矩形，主视图矩形的左右两条轮廓线是圆柱面上最左和最右两条素线的投影，这两条素线在左视图中的投影与轴线重合，不须画出。左视图矩形的左右两条轮廓线是圆柱面上最后和最前两条素线的投影，这两条素线在主视图中的投影与轴线重合，也不需画出。俯视图为一个圆，反映了圆柱体上下底面的实形，圆周则为整个圆柱面有积聚性的投影，最左、最右、最前、最后素线也积聚在圆周左、右、前、后的四个点上。

一般将回转面上的这种极限位置的素线称为转向轮廓线。转向轮廓线是相对于某一投影面而言的，也是回转面在三视图上可见与不可见部分的分界线。

表 4.2 圆柱、圆锥、圆球的三视图

立体图	三视图及尺寸	投影特性
圆柱		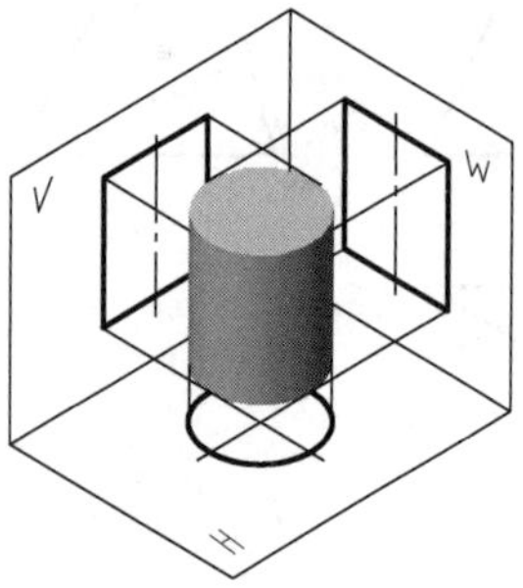 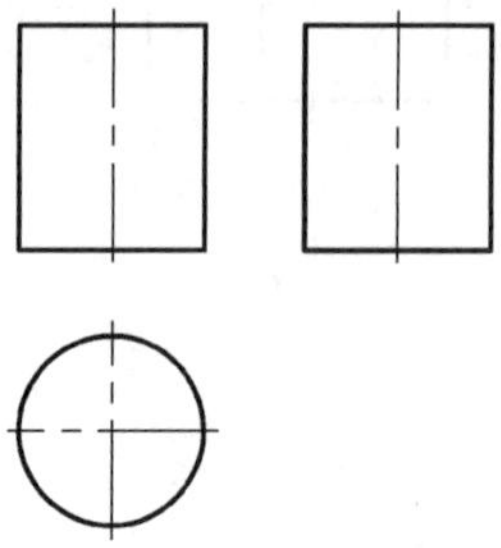 水平投影反映上、下底圆的实形，并反映圆柱面的积聚性投影；正面和侧面投影均为矩形，反映圆柱的高，并反映最左、最右、最前、最后四条特殊素线的投影
圆锥		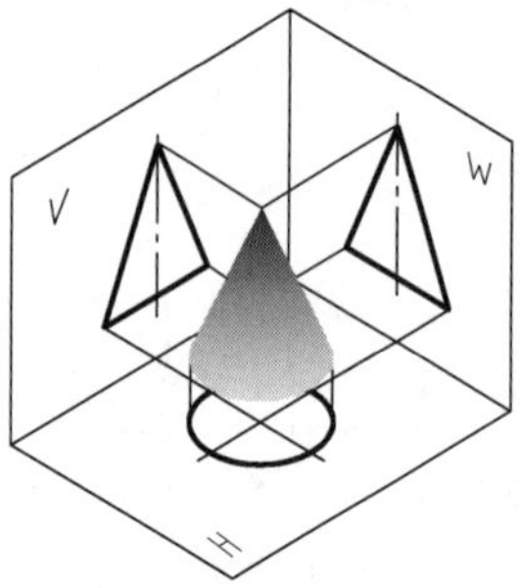 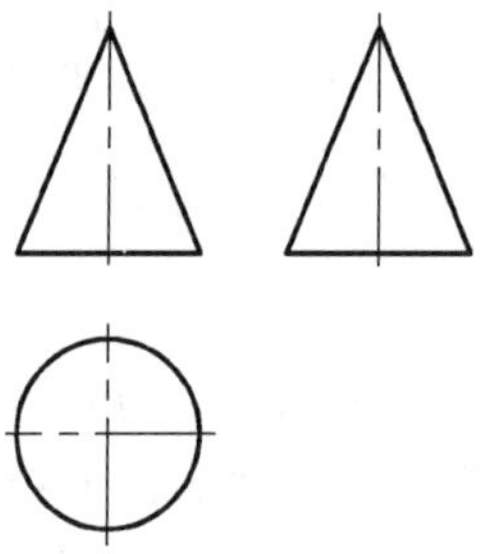 水平投影反映底圆的实形；另外两个投影均为等腰三角形，反映圆锥的高，并反映最左、最右、最前、最后四条特殊素线的投影
圆球		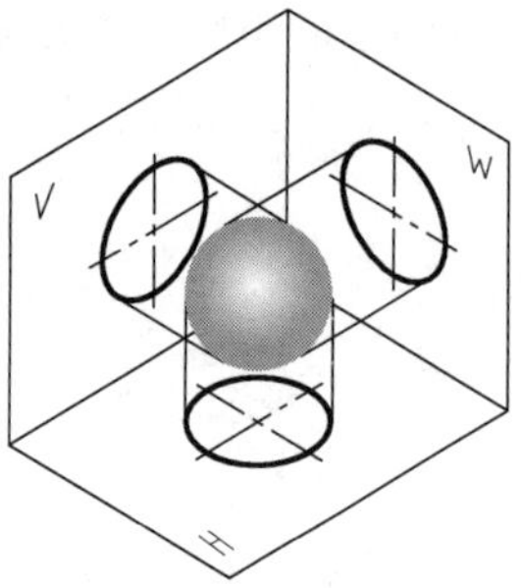 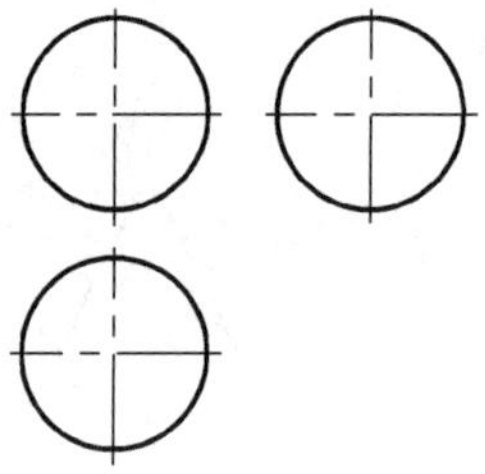 三个投影均为圆，分别反映平行于三个投影面的最大素线圆的实形

4.2 平面与立体截交

平面截切立体，在立体表面产生的交线称为截交线，该平面称为截平面，如图 4.12 所示。

截交线是截平面与立体表面共有点的集合，由于立体表面是封闭的，因此，截交线是一个封闭的平面多边形。截交线的形状取决于立体表面的形状，以及截平面与立体的相对位置。

4.2.1 平面与平面立体截交

平面截切平面立体时，截交线为平面多边形。多边形的各边是截平面与平面立体上棱面的交线，多边形的顶点就是截平面与平面立体的棱线的交点。
因此，只需找出棱线与截平面的交点，然后用直线依次连接。

　　还需判别交线投影的可见性，可见表面上的交线为可见，
画成粗实线。否则，画成虚线。具有积聚性的投影不用判别。

　　【例 4-3】　补全图 4.13（a）所示正六棱柱被截切后的左
视图。

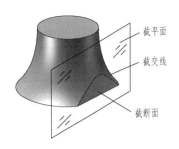

图 4.12　截交线

　　1）**分析**

　　空间分析：

　　如图 4.14 所示，正六棱柱被一垂直于 V 面的平面所截切，六个棱面与截平面的交线为
一六边形，六边形的顶点为截平面与棱线的交点，因此找出这些交点的侧面投影，按顺序连
接起来即可。

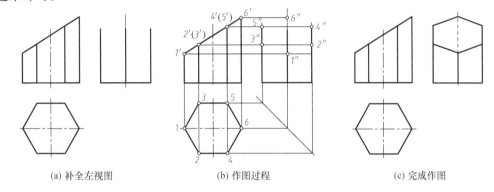

（a）补全左视图　　　　　　　（b）作图过程　　　　　　　（c）完成作图

图 4.13　正六棱柱截切的三视图

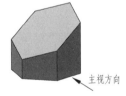

图 4.14　正六棱柱截切

　　投影分析：

　　由于截平面垂直于正面，所以截交线的正面投影也积聚为一
条直线，即正面投影已知；六个棱面的水平投影有积聚性，所以
棱面上的交线水平投影也积聚在正六边形上，即水平投影已知。

　　2）**作图**

　　（1）线上找点：根据投影规律，依次找到六个顶点的侧面投
影，判别可见性，并顺次连接，如图 4.13（b）所示。

　　（2）完善视图：注意截切对六棱柱左视图轮廓带来的影响，不可见轮廓线用虚线画出，
如图 4.13（c）所示。

4.2.2　平面与回转体截交

　　平面与回转体截交，截交线的形状取决于回转体的形状，以及截平面与回转体轴线的相
对位置。

　　当截平面与回转体轴线垂直时，任何回转体的截交线都是圆。

1. 圆柱上的截交线

　　如图 4.15 所示，截平面与圆柱轴线的相对位置关系有平行、垂直、倾斜三种，对应的
截交线有直线、圆、椭圆三种情况。

图 4.15　圆柱上的截交线

　　具体作图时，只需分析截平面和圆柱轴线的位置关系。如果平行，截交线为两条与轴线平行的直线，从圆柱面有积聚性的投影入手作图。如果垂直，截交线为与圆柱面轴线垂直的圆。如果倾斜，截交线为椭圆，根据投影找到椭圆长短轴上四个端点的投影，用椭圆弧连接即可，如图 4.16 所示。

　　表 4.3 中所示为平面与圆柱或圆孔截交，其截交线的绘制情况。

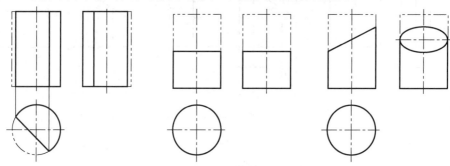

图 4.16　圆柱上截交线的画法

表 4.3　平面截交圆柱或圆孔

立体	三视图	生成方式
		平面"截"圆柱
		平面"交"圆柱

续表

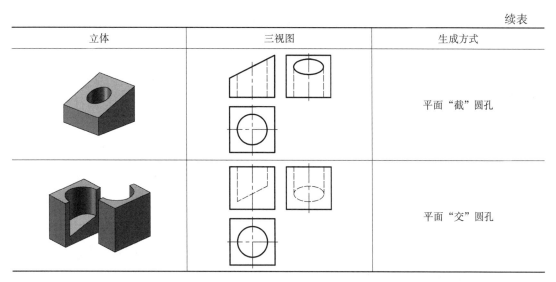

立体	三视图	生成方式
		平面 "截" 圆孔
		平面 "交" 圆孔

当平面与回转体部分截切或相交时，先绘制平面与回转体完全截交时的截交线，然后找出截交线端点（分界点）的投影。如图 4.17 所示为平面与圆柱截交的几种情况。

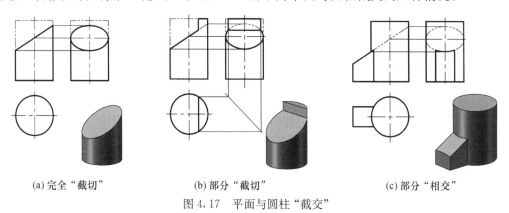

(a) 完全 "截切"　　　　　　(b) 部分 "截切"　　　　　　(c) 部分 "相交"

图 4.17　平面与圆柱 "截交"

【例 4-4】　根据图 4.18（a）所示的主、俯视图，完成其左视图。

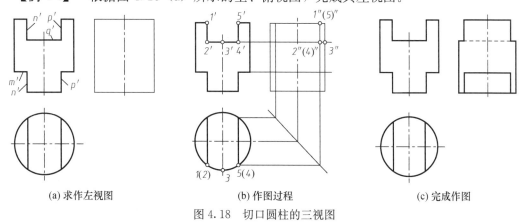

(a) 求作左视图　　　　　　(b) 作图过程　　　　　　(c) 完成作图

图 4.18　切口圆柱的三视图

1）分析

如图 4.19 所示，圆柱的轴线为铅垂线，所做切口前后、左右对称。

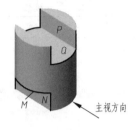

图 4.19　切口圆柱

圆柱的上部中间被水平面 Q 和两个侧平面 P、N 截切。平面 Q 与圆柱轴线垂直，截交线为圆弧段。侧平面 P 及其左右对称面 N 与圆柱轴线平行，截交线为直线段。

圆柱的下部两侧被水平面 M 和两个侧平面 P、N 截切。平面 M 与圆柱轴线垂直，截交线为圆弧段。平面 P、N 与圆柱轴线平行，截交线为直线段。

因为四个截平面的正面投影都有积聚性，所以截交线的正面投影已知；水平投影因圆柱面的积聚性积聚在圆周上。

2) **作图**

(1) 截交线的投影。圆柱的上部：以前半部分为例，正面投影已知，N、Q、P 三个平面截切圆柱的截交线投影为直线 $1'2'$、$2'4'$、$4'5'$；水平投影已知，两直线段截交线积聚为点 1（2）、5（4），Q 面截切的截交线投影为圆弧 $\overset{\frown}{234}$ 且反映实形；在侧面投影中，由于 N、P 平面截切圆柱的截交线为铅垂线，反映实形，为 $1''2''$ 与 $5''4''$ 位置重合，Q 面截切出的圆弧截交线则积聚为直线 $2''3''$，如图 4.18（b）所示。

圆柱的下部作图方法类似。

(2) 截平面之间的交线。N、Q、P 三个平面间的交线为两条正垂线，其正面投影积聚为点，在 $2'$、$4'$ 的位置；水平投影为过 2、4 点的两条直线，侧面投影因被槽口左部挡住为不可见，所以画成虚线。

平面 M 与 N、P 的交线也为两条正垂线，注意其侧面投影的可见性。

(3) 完善视图。圆柱上部的切口切去了部分最前、最后的转向轮廓线，故左视图上这部分转向轮廓线的侧面投影不画。圆柱下部的切口切去了部分最左、最右的转向轮廓线，对左视图的外轮廓没有影响，如图 4.18（c）所示。

2. 圆锥上的截交线

截平面截切圆锥时，根据其相对圆锥轴线的位置不同，截交线有五种情况。如表 4.4 所示。

表 4.4　平面与圆锥相交

	垂直于轴线 $\theta=90°$	$\theta>\alpha$	$\theta=\alpha$	$\theta<\alpha$	过锥顶
截平面位置					
投影图					
交线	圆	椭圆	抛物线	双曲线	一对相交直线

【例 4-5】　求作被截切圆锥体的俯视图和左视图，如图 4.20（a）所示。

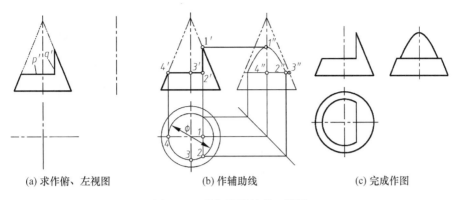

（a）求作俯、左视图　　　　　（b）作辅助线　　　　　（c）完成作图

图 4.20　截切圆锥体的三视图

1）分析

如图 4.21 所示，圆锥被水平面 P 和侧平面 Q 截切。水平面 P 与圆锥的轴线垂直，截交线为圆弧；侧平面 Q 与圆锥的轴线平行，截交线为双曲线。平面 P 和平面 Q 相交的交线为正垂线。其水平投影和侧面投影均反映实长。

图 4.21　圆锥截切

2）作图

（1）截交线的投影。如图 4.20（b）所示，水平面 P 截切圆锥产生的圆弧交线位于直径为ø的辅助纬圆上，在俯视图上反映实形，在主视图和左视图上均积聚为直线。2、3、4 点为作图时在锥体的前半部分需要找出的点。

侧平面 Q 截切圆锥产生的双曲线在左视图上反映实形，主视图和俯视图均积聚为直线。画双曲线时，只需找到双曲线上的最高点 1 和两个最低点 2 及其前后对称点，用曲线光滑连接即可。

（2）判别可见性。因切口在圆锥的正左侧，且上下无遮挡，故截交线投影全部可见，均画实线。

（3）完成左视图。左视图中，圆锥的最前和最后素线，在水平面 P 以上部分已被切去，故这部分转向轮廓线不画。

3. 球体上的截交线

平面截切球体所得的截交线都是圆。

当截平面与投影面倾斜时，截交线的投影为椭圆，当截平面与投影面平行时，截交线的投影是圆，见表 4.5。

表 4.5　平面截切圆球

	截平面与 V 面平行	截平面与 H 面平行
立体图		
投影图		
交线投影	正面投影为圆，水平投影为直线	正面投影为直线，水平投影为圆

【例 4-6】　完成如图 4.22（a）所示切口球体的俯视图和左视图。

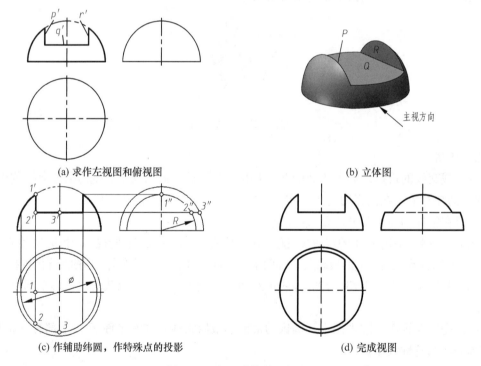

(a) 求作左视图和俯视图　　　　　　　　　　(b) 立体图

(c) 作辅助纬圆，作特殊点的投影　　　　　　(d) 完成视图

图 4.22　切口球体的三视图

1）分析

如图 4.22（a）、（b）所示，切口球体由水平面 Q 和两个侧平面 P、R 截切半球而成。侧平面 P、R 和水平面 Q 与球体的交线都是圆弧，侧平面 P、R 和水平面 Q 的交线均为直线。

2）作图

侧平面 P 与球体的截交线为一段半径等于 R 的圆弧。水平面 Q 与球体的截交线为前后对称的两圆弧段，其辅助纬圆是直径为 $\varnothing$ 的圆，作图方法如图 4.22（c）所示，2 为两圆弧的交点，1、3 为比较重要的转向轮廓线上的点，对称结构作图方法类似。

左视图中，两截平面的交线在侧面的投影被左侧球体遮住，应画成虚线；而球体侧面转向轮廓线在切口部分已被切去，故只在切口以下的部分留有转向轮廓线。

4. 组合截交

组合体上的截交线是组成组合体的各基本几何体上截交线的集合。

【例 4-7】　已知组合体的俯视图和左视图，如图 4.23（a）所示，完成主视图。

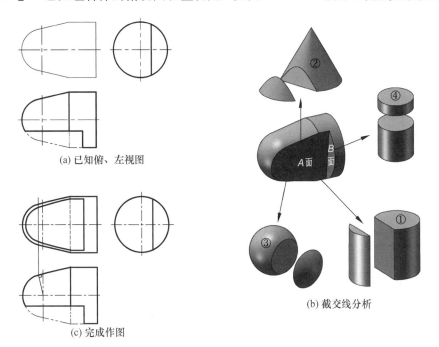

(a) 已知俯、左视图

(b) 截交线分析

(c) 完成作图

图 4.23　组合截交举例

1）分析

如图 4.23（b）所示，该组合体由圆柱、圆锥和球三个同轴回转体组成。与轴线平行的截平面 A 截切组合体，产生①、②和③三种基本几何体截切的情况，截交线的形状分别为直线段、部分双曲线和圆弧；垂直于轴线的截平面 B 截切组合体，产生④截切的情况，截交线为圆弧线。各截交线在与其平行的投影面上的投影反映实形，在与其所在平面垂直的投影面上有积聚性。

2）作图

先确定圆球和圆锥的分界线，过球心作圆锥转向轮廓线的垂线，该垂线与转向轮廓线的交点，即为圆球和圆锥的分界圆（侧平纬圆）上的点。分别作出各基本几何体上的截交线，并注意各段截交线的端点位置。最后判别可见性，连接各段截交线，完善视图，不可见的轮廓线画成虚线，如图 4.23（c）所示。

4.3　立体与立体相交

两立体相交称为相贯，两立体表面的交线称为相贯线。根据立体的形状不同，两立体相贯分三种情况：两平面立体、平面立体与曲面立体以及两曲面立体的相贯。由于平面立体可以看作若干个平面围成的实体，所以，前两种相贯情况可归结到前节所述的内容中。本节只讨论求两回转体相贯线的问题，如图 4.24 所示。

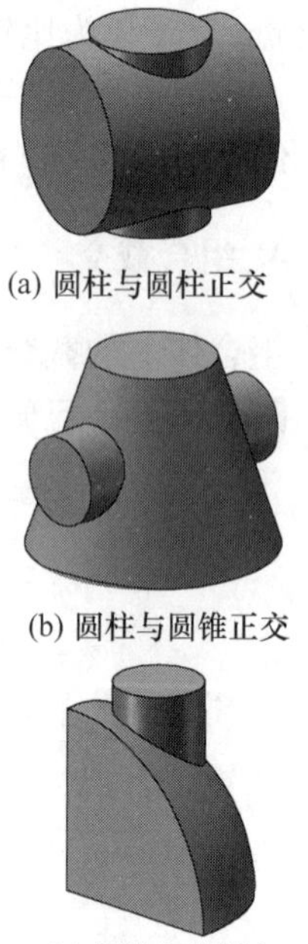

相贯线的形状和投影将受到相贯两立体的形状、大小和相对位置等因素的影响。

相贯线具有以下两个基本性质。

（1）封闭性：相贯线一般为封闭的空间曲线，特殊情况下将退化为平面曲线或直线；

（2）表面性：相贯线上的点是两立体表面的共有点，相贯线是两立体表面的共有线，也是两立体表面的分界线。

因此，求相贯线的投影，就是求两立体表面一系列的共有点的投影，并连点成光滑曲线。

(a) 圆柱与圆柱正交

(b) 圆柱与圆锥正交

(c) 圆柱与球相交

图 4.24　两回转体相交的相贯线

1. 相贯线的一般情况

两圆柱垂直正交，其相贯线的情况见表 4.6。

表 4.6　圆柱相贯的表现形式

实体图	三视图	生成方式
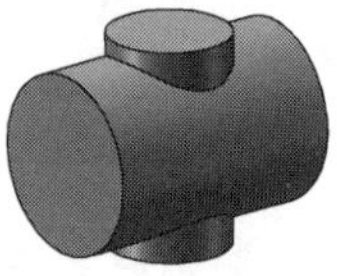	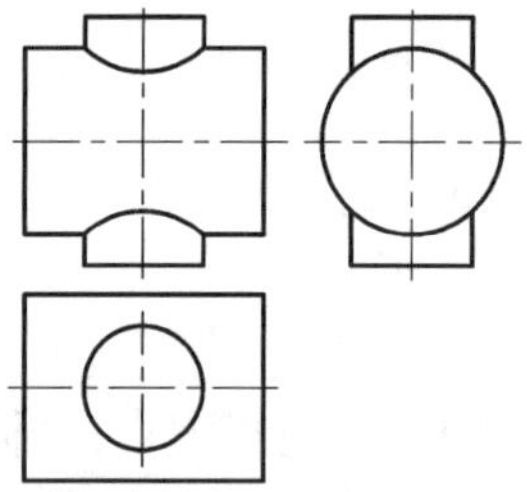	大圆柱"并"小圆柱
	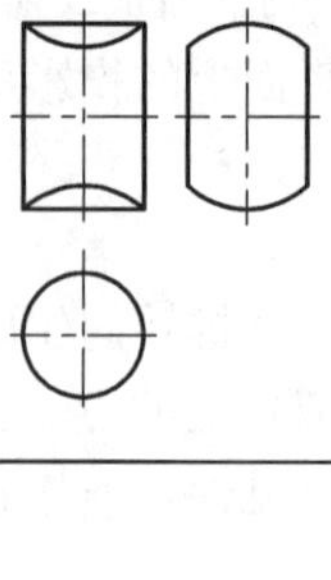	大圆柱"交"小圆柱

续表

实体图	三视图	生成方式
		大圆柱"差"小圆柱
		正方体"差"大圆柱和小圆柱

两圆柱垂直正交，其相贯线投影可采用简化画法，如图 4.25 所示，可以用圆弧近似代替主视图中的相贯线。

2. 相贯线的特殊情况

两回转体的相贯线在特殊情况下，可以退化为直线、圆或其他平面曲线。

当两轴线相互平行的圆柱相交时，相贯线为直线，如图 4.26（a）所示。

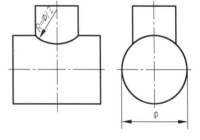

图 4.25 相贯线的简化画法

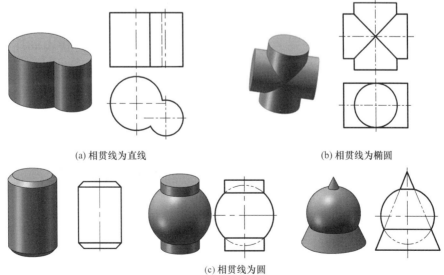

(a) 相贯线为直线

(b) 相贯线为椭圆

(c) 相贯线为圆

图 4.26 相贯线的特殊情况

当两直径相等的圆柱轴线相交时，相贯线为椭圆，如图 4.26（b）所示。

同轴回转体的相贯线是与轴线垂直的圆，如图 4.26（c）所示。

3. 复合相贯

三个或三个以上立体相交，其相贯线是各立体表面两两相交的交线的集合。如图 4.27 所示。

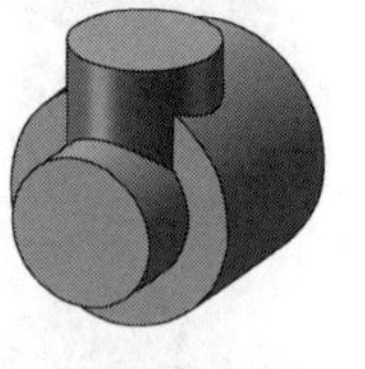

【例 4-8】 根据图 4.27 所示立体，补画图 4.28（a）所示三视图中的漏线。

1）**形体分析**（图 4.28（b））

（1）圆柱 A 和圆柱 C 垂直正交，为部分相贯；

（2）圆柱 A 和圆柱 B 垂直正交，且直径相等，相贯线为椭圆，部分相贯；

（3）圆柱 B 和圆柱 C 同轴；

（4）圆柱 C 的左端面 D 截切圆柱 A。

2）**作图**（图 4.28（c））

逐个绘制各段相贯线，注意各段相贯线的分界点。

图 4.27 复合相贯

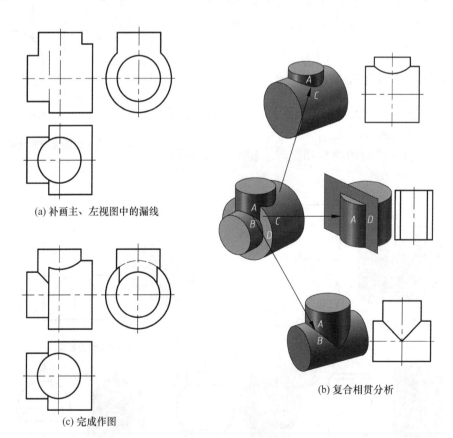

(a) 补画主、左视图中的漏线

(b) 复合相贯分析

(c) 完成作图

图 4.28 复合相贯举例

4.4　组　合　体

组合体无论其形状多么复杂，都可以将其假想地分解成若干个基本形体。如图 4.29 所示的支座，可以将其分解为四个基本形体，即圆筒Ⅰ、支撑板Ⅱ、筋板Ⅲ和底板Ⅳ。

将组合体假想地分解为若干个基本形体，其整体形状通过各基本形体的相对位置和组合方式的分析而确定；其局部细节通过各基本形体间的相邻表面关系的分析而确定；这种分析组合体的方法称为形体分析法。形体分析法是阅读组合体三视图的基本方法，也是确定组合体三视图绘图步骤的依据。

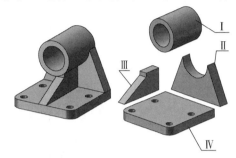

图 4.29　支座的形体分析法

4.4.1　组合体邻接面关系

（1）当两形体的表面不平齐时，其投影之间应有线隔开，如图 4.30（a）所示。

支座分解动画

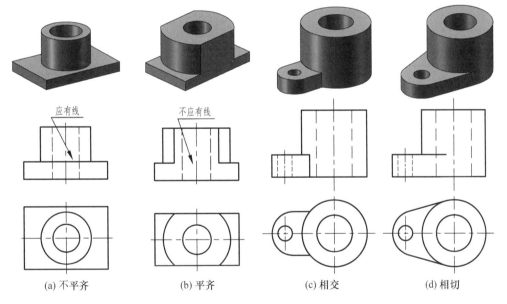

图 4.30　形体相邻表面间的关系

（a）不平齐　　（b）平齐　　（c）相交　　（d）相切

（2）当两形体的表面平齐时，其投影之间没有线隔开，如图 4.30（b）所示。

（3）当两形体的表面相交时，交线的投影应画出，如图 4.30（c）所示。

（4）当两形体的表面相切时，切线的投影不应画出，如图 4.30（d）所示。

4.4.2　组合体三视图画法

图 4.31 所示为组合体支架的立体图，绘制支架的三视图的步骤如下。

1）形体分析

运用形体分析法可知，支架由半圆筒Ⅰ、支撑板Ⅱ和 L 形板Ⅲ三个基本形体组成，如

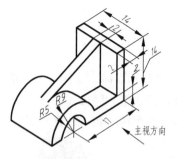

图 4.31　支架立体图

图 4.32（a）所示。

半圆筒Ⅰ和 L 形板Ⅲ在左右方向相交，上下方向底面对齐，前后方向有对称面。支撑板Ⅱ在前后对称面的位置连接半圆筒Ⅰ和 L 形板Ⅲ，支撑板Ⅱ的前后侧面与半圆筒相交，左斜上方的斜面与半圆筒相切。

（1）确定主视图。确定支架的摆放位置和主视图的投影方向，如图 4.31 所示。主视图应能反映物体的基本形状及各基本形体间的相对位置关系。

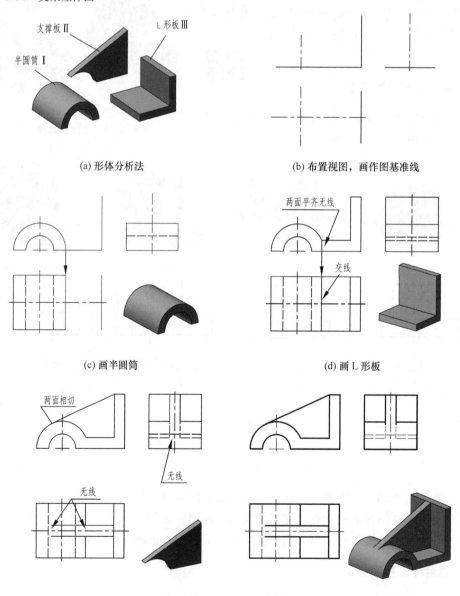

(a) 形体分析法　　　　　　　　(b) 布置视图，画作图基准线

(c) 画半圆筒　　　　　　　　(d) 画 L 形板

(e) 画支撑板轮廓　　　　　　　(f) 检查，加深全图

图 4.32　支架三视图的画图过程

（2）选比例，定图幅。根据选用比例及视图表达方案确定合适的标准图幅。

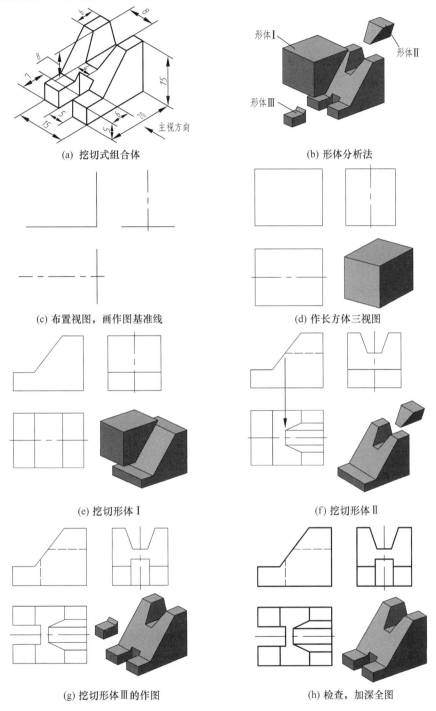

(a) 挖切式组合体　　　　　　　　　　　　　　(b) 形体分析法

(c) 布置视图，画作图基准线　　　　　　　　　(d) 作长方体三视图

(e) 挖切形体Ⅰ　　　　　　　　　　　　　　　(f) 挖切形体Ⅱ

(g) 挖切形体Ⅲ的作图　　　　　　　　　　　　(h) 检查，加深全图

图 4.33　挖切式组合体三视图的画图过程

（3）布图，画基准线。根据视图的大小和位置在图纸上画出基准线，如图 4.32（b）所示。基准线通常选用回转体的轴线、组合体的对称面以及重要的端面或底面等。

（4）画底稿。画半圆筒Ⅰ，半圆筒的主视图是特征视图，故先画半圆筒的正面投影，然后画出半圆筒的水平投影和侧面投影,如图 4.32（c）所示;画 L 形板Ⅲ,L 形板的主视图是特征视图。同样先画半圆筒的正面投影,然后画出水平投影和侧面投影,如图 4.32（d）所示;最后画支撑板Ⅱ,如图 4.32（e）所示。

2）**检查修改底稿**

确定无误后,按规定的线型加深全图,如图 4.32（f）所示。

图 4.33 所示为挖切式组合体的三视图画法。

4.4.3 组合体尺寸标注

1. 尺寸基准

标注尺寸的起点称为尺寸基准。

在实际生产中,尺寸基准是设计、制造和检验时确定零件上某些面、线、点的位置的起点。通常选择零件的一些重要的加工面、零件的对称平面、主要回转体的回转轴线等作为尺寸基准。

任何零件都具有长、宽、高,所以在长、宽、高每一个方向上,至少应各选取一个尺寸基准。

2. 组合体一般应标注定形尺寸、定位尺寸和总体尺寸

（1）定形尺寸：确定组合体各形体形状大小的尺寸称为定形尺寸。

（2）定位尺寸：确定组合体各形体相对位置的尺寸称为定位尺寸。

（3）总体尺寸：组合体的总长、总宽和总高。

若总体尺寸与组合体内某基本几何体的定形尺寸相同,则不再重复标注。若组合体的端部为回转体结构时,该方向的总体尺寸一般不直接注出,而是注出回转轴线的定位尺寸和回转体的半径或直径。

3. 标注组合体尺寸的方法和步骤

标注组合体的尺寸时,先将组合体分解为若干基本形体,逐一标出每个基本体的定形和定位尺寸,最后考虑总体尺寸,并对已注尺寸进行必要的调整。

现以支架为例,详细说明组合体尺寸标注的步骤。

1）**分形体**

支架可以被分解为底板、支撑板和肋板三个基本形体,见图 4.34（a）。

2）**确定支架长、宽、高三个方向的尺寸基准**

如图 4.34（b）所示,选择底板的下底面和后表面分别为高度方向和宽度方向的尺寸基准;因为支架结构左右对称,所以长度方向的尺寸基准为左右对称中心线。

底板的外形尺寸为 25（长）、14（宽）、4（高）、R10（圆角）。两小孔的定形尺寸为 ϕ10,定位尺寸分别为 17、10。

如图 4.34（c）所示,与支撑板有关的定形尺寸有 ϕ6、R6、10、25 和 5。因支撑板关于长度方向基准线对称,支撑板的后表面与宽度方向基准靠齐,支撑板下底面与高度方向基准靠齐,故支撑板的这些定位尺寸均省略不注。

如图 4.34（d）所示,肋板的定形尺寸为 7、6、3。定位尺寸均省略不注。

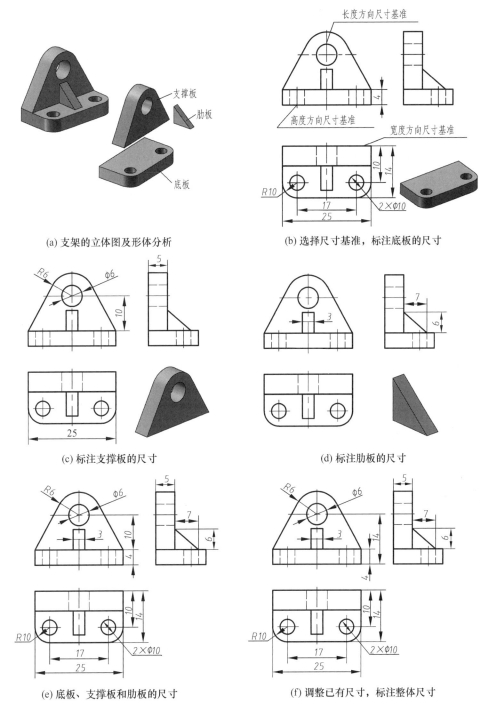

图 4.34　支架的尺寸标注过程

　　如图 4.34（e）所示，标注底板、支撑板和肋板的所有定形和定位尺寸。形体间若有重复的尺寸不要重复标注。

　　如图 4.34（f）所示，最后标注整体尺寸，底板的长度尺寸 25、宽度尺寸 14 就是支架的总长、总宽尺寸。因为，组合体的端部为回转体结构时，该方向的总体尺寸一般不直接注出，而是注出回转轴线的定位尺寸和回转体的半径或直径。因此总高尺寸只需标注定位尺寸 14 与 $R6$。原先标注的轴线定位尺寸 10 取消。

4. 标注尺寸的注意点

（1）尺寸应尽量标注在视图之外，同一形体的尺寸应尽量集中标注，并尽量标注在该形体的两视图之间，以便于读图和查找尺寸，如支架中底板的尺寸集中标注在俯、主视图上。

（2）尺寸应尽量标注在形体的特征视图上，如支撑板中圆孔和圆弧尺寸应标注在主视图上。

（3）尽量避免在虚线上标注尺寸。

（4）对于同方向上的并联尺寸，应使小尺寸在内，大尺寸在外；串联尺寸应首尾相接，箭头对齐。

（5）回转体的直径尺寸一般注在非圆的视图上，而表示圆弧半径的尺寸应注在投影为圆的视图上。

4.4.4　组合体正等测图

工程中应用最多的是多面正投影图，通过几个视图就可以准确地表达物体的形状和大小。但正投影图缺乏立体感，不够直观，读懂正投影图需要掌握一定的投影知识。工程中常采用轴测图作为辅助图样来表达物体，轴测图在一个方向上能同时反映物体正面、侧面和顶面的形状，因此富有立体感，故在结构设计、技术革新、产品说明书等方面得到了广泛的应用。

在讨论设计方案，进行技术交流或创意设计等设计的早期阶段，工程设计人员常常徒手绘制一些轴测图作为设计草图，然后再进一步绘制成工程图。

正等测图是使用较多的一种轴测图，如图 4.35 所示为锲形升降轨的正等测草图和三视图。

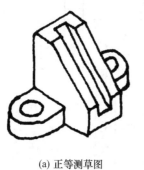

(a) 正等测草图

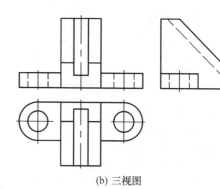

(b) 三视图

图 4.35　锲形升降轨的正等测草图和三视图

1. 正等测图的形成

如图 4.36 所示，如果使三条坐标轴 OX、OY、OZ 对轴测投影面 P 处于倾角都相等的位置，把物体向轴测投影面投影，这样所得到的轴测投影就是正等测图。

（1）轴测轴：O_1X_1、O_1Y_1、O_1Z_1。

（2）轴间角：$\angle X_1O_1Y_1$、$\angle X_1O_1Z_1$、$\angle Y_1O_1Z_1$。

（3）轴向变形系数：X 轴、Y 轴、Z 轴的轴向变形系数分别以 p、q、r 表示，即

$$p = \frac{O_1X_1}{OX}, \quad q = \frac{O_1Y_1}{OY}, \quad r = \frac{O_1Z_1}{OZ}$$

正等轴测图的轴间角均为 $120°$，轴向变形系数 $p=q=r=0.82$，如图 4.37 所示。

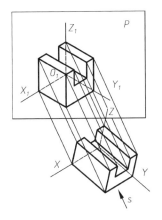

图 4.36　正等测图的形成

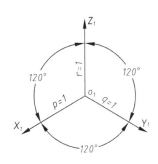

图 4.37　正等测轴

实际画图时，取 $p=q=r\approx1$。所画出的轴测图比实际物体略大，这对理解和表达物体的形状没有影响，但却简化了作图。

2. 平面立体的正等测图画法

绘制正等测图的基本方法是坐标法，即先根据坐标作出立体各顶点的轴测投影，然后按可见性连接各顶点。此外，常用的方法为形体分析法，即先画出一个基本形体，然后逐个往上叠加或挖切其他基本形体。

【例 4-9】　作出如图 4.38（a）所示平面立体的正等测图。

作图步骤：

（1）在视图上建立物体坐标系 $OXYZ$，如图 4.38（a）所示。

（2）画正等轴测轴 $O_1X_1Y_1Z_1$，如图 4.38（b）所示。

（3）如图 4.38（c）所示，用坐标法画出Ⅰ、Ⅱ、Ⅲ三点的轴测投影。利用平行性，过Ⅰ、Ⅱ、Ⅲ分别画相应平行线，由此得到长方体的正等测图。

（4）如图 4.38（d）所示，过Ⅰ点沿着 Z 轴方向测量，得到 A 点的轴测投影 A_1，同理，过相应点沿 X 轴方向测量得到 B 点的轴测投影 B_1，再沿轴测方向作相应的平行线即可。

（5）如图 4.38（e）所示，过 B_1 点沿 Y 轴方向测量，得到 C_1 点，连接三个角点。

（6）如图 4.38（f）所示，检查并擦去多余图线，加深即可得其正等测图。

正等测图的作图方法可以总结出以下三点：

（1）画平面立体的轴测图时，首先应选好坐标轴并画出轴测轴；然后根据坐标确定各顶点的位置；最后依次连线，完成整体的轴测图。

（2）具体画图时，应分析平面立体的形体特征，一般总是先画出物体上一个主要表面的轴测图。通常是先画顶面，再画底面；有时需要先画前面，再画后面；或者先画左面，再画右面。

（3）为使图形清晰，轴测图中一般只画可见的轮廓线，避免用虚线表达。

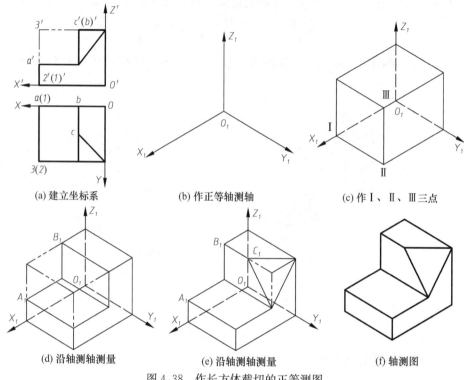

(a) 建立坐标系　　　　　　(b) 作正等轴测轴　　　　　(c) 作Ⅰ、Ⅱ、Ⅲ三点

(d) 沿轴测轴测量　　　　　(e) 沿轴测轴测量　　　　　(f) 轴测图

图 4.38　作长方体截切的正等测图

3. 曲面立体的正等测图画法

圆是曲面立体中的主要元素，所以先要掌握圆的正等测画法。

1) 圆柱的正等测图

曲面立体如圆柱、圆锥、圆球等，其上有圆形，当这些圆形与坐标面平行时，它的正等测投影是椭圆，如图 4.39 所示。由图可知，这些椭圆的形状大小相同，只是长短轴方向不同。在圆柱体（轴线垂直于投影面放置）的正等轴测图中，其上下底面椭圆的短轴与垂直于该椭圆所在平面的轴线平行，如图 4.40 所示，与水平面平行的椭圆，椭圆的短轴平行于 Z 轴，与正面平行的椭圆，椭圆的短轴平行于 Y 轴，与侧面平行的椭圆，椭圆的短轴平行于 X 轴。

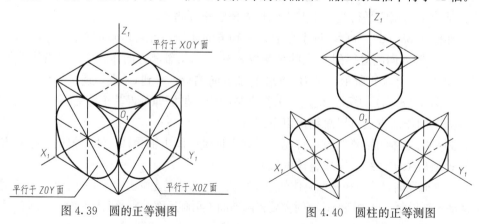

图 4.39　圆的正等测图　　　　　　　图 4.40　圆柱的正等测图

2) **圆角的正等测图**

长方形底板上圆角的近似画法如图 4.41 所示。画圆角时不用作出整个椭圆，只需找到菱形相邻两条边的中垂线的交点即圆心，直接画出该段圆弧即可。

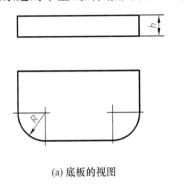

(a) 底板的视图

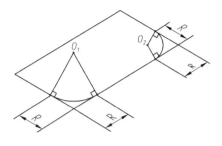

(b) 画长方体的轴测图，根据已知圆角半径 R 找出切点，过切点作相应边的垂线，交点即为圆心 O_1、O_2，再以 O_1、O_2 为圆心，以 O_1、O_2 到相应切点的距离为半径画圆弧

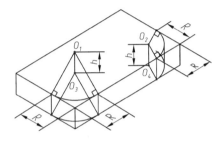

(c) 将 O_1、O_2 及其对应圆弧段同步下移板厚 h，即得下底面两圆角的圆心 O_3、O_4 和两圆弧段的轴测投影

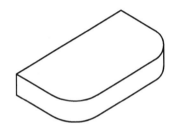

(d) 最后检查加深，完成作图

图 4.41　底板圆角的正等轴测图画法

4. 组合体的正等测图画法

画组合体的轴测图时，应采用形体分析法，逐个画出各组成形体的轴测图。现以图 4.42 (a) 为例来说明组合体轴测图的画法 (图 4.42 (b) ～ (f))。

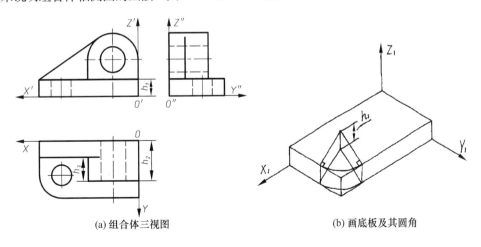

(a) 组合体三视图

(b) 画底板及其圆角

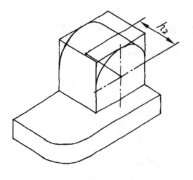

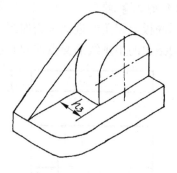

(c) 大小圆弧分别向后移心 h_2 画支撑板　　　　　　(d) 大圆弧向后移心 h_3 画肋板

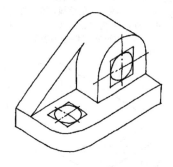

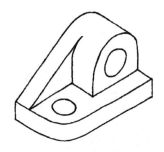

(e) 分别画出底板和支撑板上的圆柱孔　　　　　　(f) 检查加深，完成作图

图 4.42　组合体的正等测图画法

图 4.43 所示为徒手绘制的组合体的正等测草图。

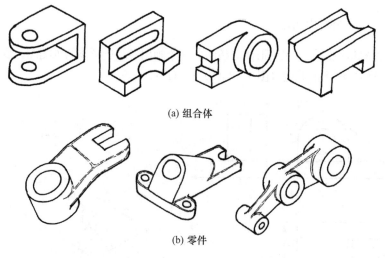

(a) 组合体

(b) 零件

图 4.43　正等测草图

4.4.5　阅读组合体三视图

根据三视图构思物体的空间形状称为组合体读图。组合体读图采用的基本方法是形体分析法。

1. 看图的基本原则

1) 几个视图联系起来看

一个视图只反映组合体一个方向的形状，如图 4.44 所示。

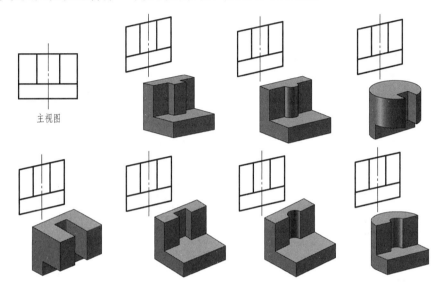

图 4.44　单一视图通常不能确定物体的形状

图 4.45 所示为三个物体的三视图。它们的主视图和左视图都一样，即光看主视图和左视图，可以构思出多个组合体的形状，此时还需结合俯视图，组合体的形状才可唯一确定。所以看三视图必须将几个视图联系起来构思物体的形状。

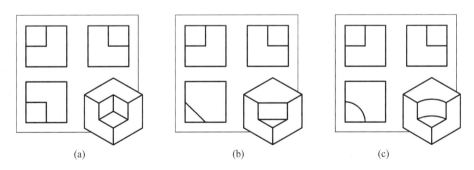

图 4.45　组合体三视图（俯视图是特征视图）

2) 抓住特征视图

抓住基本形体的特征视图，是看懂组合体三视图的关键。图 4.46 所表示的三个组合体，都是由两个基本形体组成的，这两个形体的特征视图都是左视图。

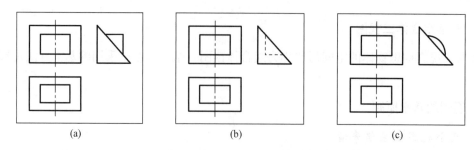

图4.46 组合体三视图（左视图是特征视图）

3) **明确视图中图线和线框的含义**

视图中的图线具有以下三种含义：

（1）表面与表面交线的投影；

（2）具有积聚性的平面或柱面的投影；

（3）回转体转向轮廓线的投影。

视图中的每一个封闭的线框，一般情况下代表一个平面或曲面的投影，如图4.47所示在平面与曲面相切时，线框不封闭。

图4.47 注意视图中图线和线框的含义

2. 看图的基本方法

一个视图一般不能确定组合体的形状。看图时，要根据几个视图，运用投影规律思考与构思，构思过程如图4.48所示。

看图的一般步骤为：

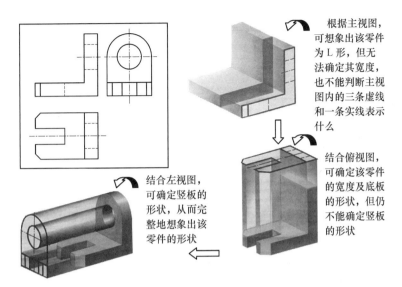

根据主视图，可想象出该零件为 L 形，但无法确定其宽度，也不能判断主视图内的三条虚线和一条实线表示什么

结合俯视图，可确定该零件的宽度及底板的形状，但仍不能确定竖板的形状

结合左视图，可确定竖板的形状，从而完整地想象出该零件的形状

图 4.48　根据三视图构思零件形状

（1）看视图、分线框。从反映形体特征比较明显的视图（一般为主视图）入手，运用形体分析法，将其划分为数个封闭的线框，想象出该组合体由哪几部分组成。

（2）对投影、识形体。根据视图中所分的线框，将几个视图联系起来，按投影规律，逐个想象出每一部分几何体的形状。

（3）综合起来想整体。根据三视图确定基本几何体彼此的组合形式和相邻表面间的连接关系，再综合想象物体的整体形状。

【例 4-10】　根据图 4.49 所示三视图，构思物体的空间形状。

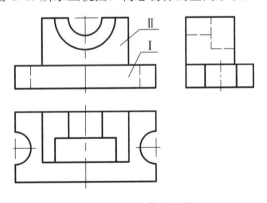

图 4.49　组合体三视图

分析：从图中可以看出，组合体为左右对称结构，大体上该组合体可以分解为形体 I 和形体 II 两部分叠加。首先看懂每部分形体的基本结构，再进一步看懂其上的细节性结构，比如形体 I 的基本结构为矩形板，细节性结构为左右各挖切一半圆柱。该组合体的读图过程见表 4.7。

表 4.7　组合体的读图过程

看视图、分线框	对投影、识形体	综合起来想总体

【例 4-11】 根据图 4.50 所示三视图，构思物体的空间形状。

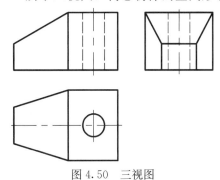

图 4.50 三视图

分析：该组合体可以被看成是由长方体通过挖切形成的。分析视图中的图线和每一线框所代表的平面或曲面的投影特点，确定挖切的方式。看图过程见表 4.8。

表 4.8 组合体的读图过程

看视图、分线框	对投影想形体	综合起来想总体
	该形体为挖切体，挖切前的基本形体为长方体	
	线框 1：一正垂面切去长方体的左上角所形成	
	线框 2：两铅垂面前后对称地切去长方体的左前角和左后角所形成	
	线框 3：在长方体上挖切一个铅垂轴线的圆柱孔	

　　根据三视图构思组合体形状时，可大胆想象，并不时地将想象的物体与所给视图对照，发现有不符合之处时，及时修正并继续充分想象，直至构思的物体与所给三视图完全对应为止。如图 4.51 所示。

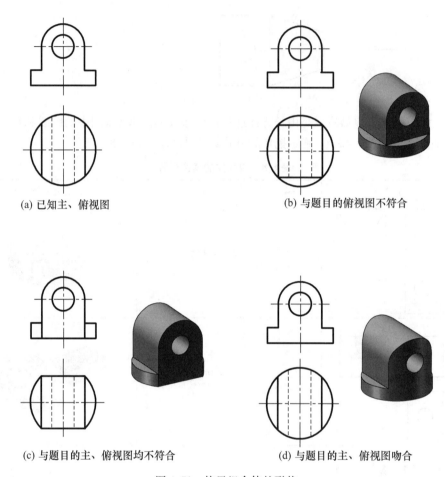

(a) 已知主、俯视图　　　　　　　　　(b) 与题目的俯视图不符合

(c) 与题目的主、俯视图均不符合　　　　　(d) 与题目的主、俯视图吻合

图 4.51　构思组合体的形状

3. 根据两个视图补画第三个视图

【例 4-12】　已知组合体的主视图和俯视图，画出左视图。

　　分析：从图 4.52（a）所示的组合体两视图可以看出，该组合体为前后对称结构。在主视图中划分四个线框，对投影可知形体Ⅰ为五棱柱，在五棱柱的基础上挖切一块三棱柱即形体Ⅲ，然后再挖切一个孔即形体Ⅳ，形体Ⅱ为一拉伸体。组合体的形状如图 4.52（b）所示。

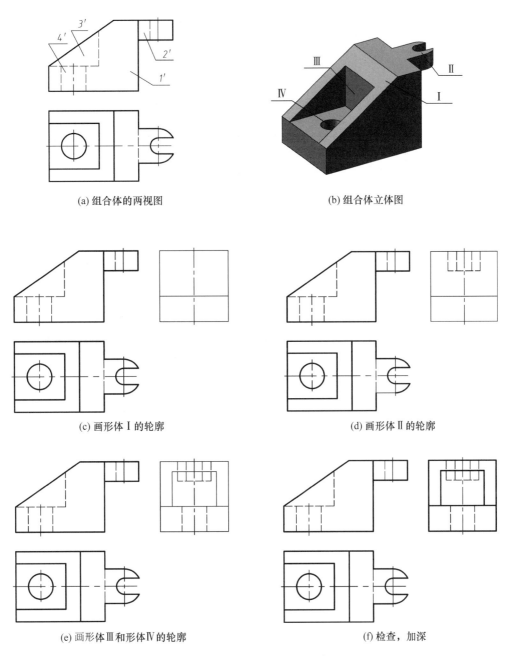

(a) 组合体的两视图　　　　　　　　　　　　　　　(b) 组合体立体图

(c) 画形体 I 的轮廓　　　　　　　　　　　　　　　(d) 画形体 II 的轮廓

(e) 画形体 III 和形体 IV 的轮廓　　　　　　　　　　(f) 检查，加深

图 4.52　根据组合体的两视图画第三视图

本 章 小 结

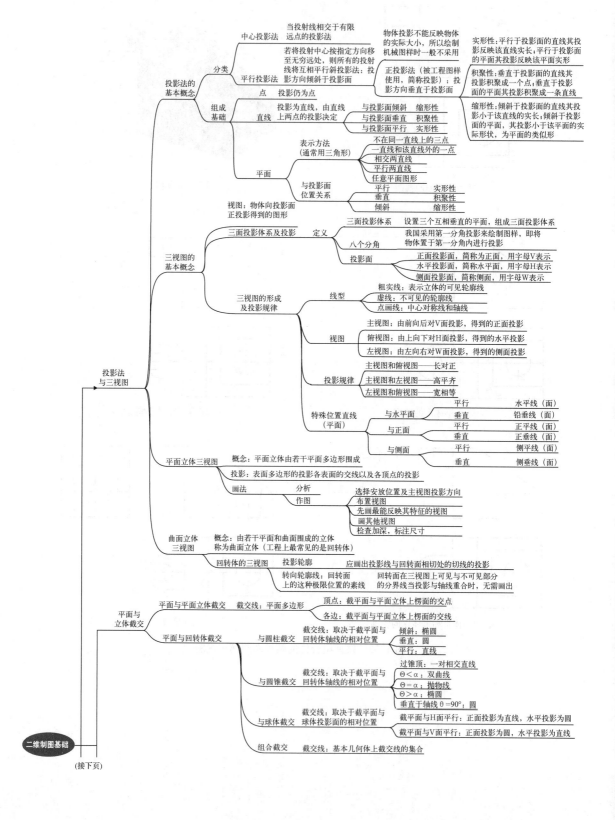

(接下页)

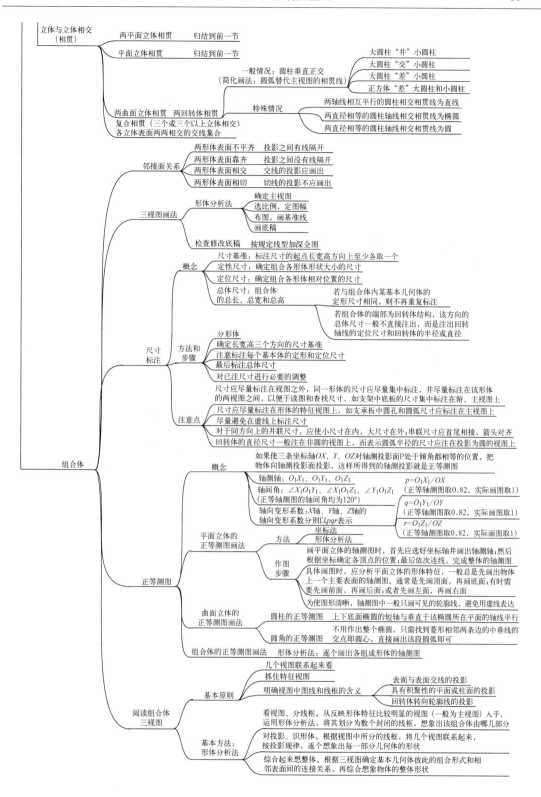

第5章 工程图样基础

在三维 CAD 系统中设计工业产品的三维数字模型，再通过标准的数据接口传送到加工中心进行数控加工，实现无纸化生产，这是目前先进制造技术发展的方向。但是由于条件限制，在未来一段时间内，相当多的企业还是需要依据二维的工程图样进行生产。

在实际生产中，工业产品的内外形状千差万别，仅用三视图很难将之表达清楚。我国国家标准对工业产品图样的表达方法作出了一系列规定。根据国家标准所绘制的工程图样能够正确、完整和清晰地表达各种工业产品的内外结构、形状、大小和相对位置。本章简要介绍国家标准规定的各种图样表达方法。

5.1 一般产品的图样表达

国家标准《技术制图》和《机械制图》图样画法（GB/T 4458.1—2002 视图、GB/T 4458.6—2002 剖视图和断面图、GB/T 16675.1—2012 简化表示法）中规定了绘制工程图样的表达方法，图 5.1 所示为工程图样二维表达方法的分类。

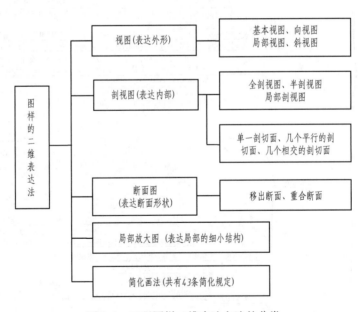

图 5.1 工程图样二维表达方法的分类

5.1.1 视图

用正投影的方法，将机件向投影面投射所得到的图形称为视图。视图主要用于表达机件的外部结构和形状，一般只画出机件的可见轮廓，其不可见轮廓只有必要时才用虚线画出。机件的内部结构通常可以采用其他表达方法。

视图包括基本视图、向视图、局部视图和斜视图等形式。

1. 基本视图

基本视图是将机件向正六面体的六个基本投影面投影所得到的视图。除了主视图、俯视图和左视图，还有从右向左投影所得的右视图，从下向上投影所得的仰视图，从后向前投影所得的后视图。

如图 5.2 所示，正六面体的主视图正投影面保持不动，其余投影面按图中所示展开至与主视图平面同一个平面内。展开后的六个基本视图在同一张图样内，它们之间符合"长对正、高平齐、宽相等"的投影规律。当六个基本视图按图 5.3 所示位置配置视图时，可不标注视图的名称。

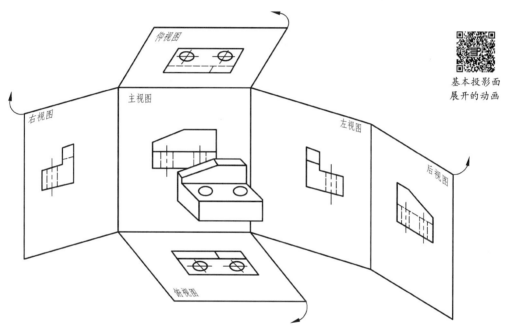

基本投影面
展开的动画

图 5.2　六个基本投影面展开

2. 向视图

向视图是可以自由配置位置的视图。

当基本视图不能按图 5.3 所示位置配置时，应在视图上方用大写字母标出视图名称"×"，在相应的视图附近用箭头指明获得该视图的投影方向，并标注相同的大写字母。

按照标准规定，表示投影方向的箭头应尽可能配置在主视图上。如图 5.4 所示，A 向和 B 向视图分别为右视图和仰视图。在绘制以向视图方式配置的后视图时，应将表示投影方向的箭头配置在左视图或右视图上，如图 5.4 中所绘制的 C 向视图为机件的后视图。

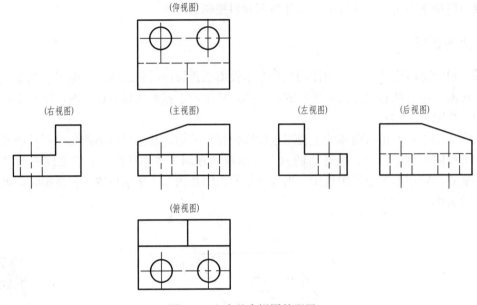

图 5.3　六个基本视图的配置

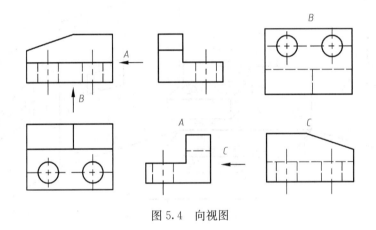

图 5.4　向视图

3. 局部视图

局部视图是将机件的某一部分向基本投影面投影所得到的视图。

绘制局部视图的主要目的是减少制图工作量。当机件的主体结构已由基本视图表达清楚后，仍有局部形状需要进一步表达的情况，可采用局部视图。

局部视图可按基本视图或向视图的配置形式配置，如图 5.5（a）、（b）所示。通常用波浪线或双折线画出断裂边界来表达机件的局部形状。波浪线不应超出机件的轮廓线，不应画在机件的孔洞之处。当所表示的局部结构的外形轮廓是完整的封闭图形时，则断裂边界线可省略不画。

4. 斜视图

斜视图是机件向不平行于基本投影面的平面投影所得到的视图。

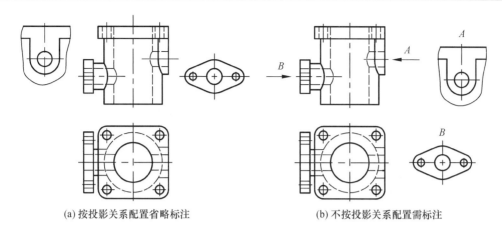

(a) 按投影关系配置省略标注　　　　　　　　　　(b) 不按投影关系配置需标注

图 5.5　局部视图

斜视图一般按向视图的配置形式配置并标注，用来表示机件倾斜部分的实形，必要时也可配置在其他适当位置。

画斜视图必须标注。在相应视图的投影部位附近沿垂直于倾斜面的方向画出箭头表示投影方向，并注上大写字母，在斜视图的上方标注相同的字母，字母水平书写，如图 5.6（a）所示。为合理利用图纸或画图方便，允许将图形旋转。经过旋转的斜视图，必须加旋转符号，其箭头方向为旋转方向。若图形作顺时针旋转，图形上标注 ⌒ A；若图形作逆时针旋转，图形上标注 A ⌒；字母写在靠近箭头的一侧，如图 5.6（b）所示。

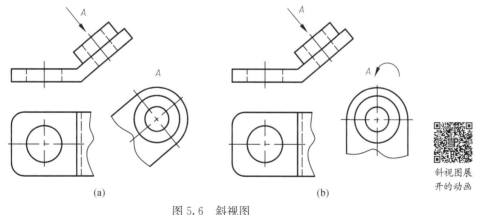

(a)　　　　　　　　　　　　　　　　　　(b)　　　　　　斜视图展
开的动画

图 5.6　斜视图

5.1.2　剖视图

有些机件的内外结构形状复杂，如果仅采用视图表达，则视图中内腔与外形的虚线、实线交错重叠，会造成图面不清晰。这既不便于标注尺寸，又会给绘图和读图造成困难。为了完整清晰地表达机件的内部结构形状，国家标准规定采用剖视图的画法。

1. 剖视图的概念

如图 5.7 所示，假想用剖切面剖开机件，把位于观察者和剖切面之间的部分移去，而将其余部分向投影面投影所得的图形，称为剖视图。

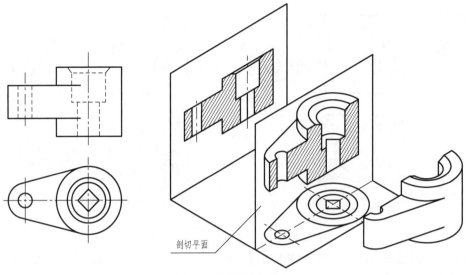

图 5.7　剖视图的概念

2. 剖视图的画法

剖视图由两部分组成，一部分是剖切面与机件实体接触部分的投影，该部分由剖切面和立体表面的交线围成，称为剖面区域；另一部分是剖切面后边的可见形体的投影。

1) 画剖视图的步骤

(1) 确定剖切面的位置。为了能够清楚地表达机件内部结构的实形，剖切平面一般平行于基本投影面，且通过较多的机件内部结构，如孔、槽等的对称面或轴线。如图 5.7 所示，剖切面为通过机件前后对称面的正平面。

(2) 画剖视图。用粗实线画出剖切平面剖切到的机件断面轮廓和其后面的可见轮廓，如图 5.8 (a) 所示。

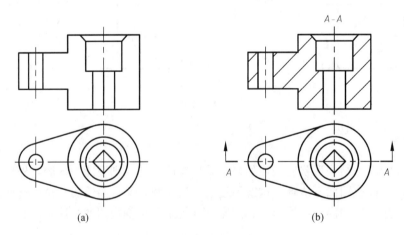

图 5.8　剖视图的画法

(3) 画剖面符号。GB/T 17453—2005《技术制图 图样画法 剖面区域的表示法》规定：剖面区域和剖切断面应进行填充。在机件的断面轮廓内用细实线画出剖面符号，不同的材料需绘制相应的剖面符号，见表 5.1。图 5.8（b）所示为金属材料的剖面符号填充剖面区域。

表 5.1　剖面符号

材料名称	剖面符号	材料名称	剖面符号
金属材料：间距相等、方向相同，且与水平方向呈 45°的细实线平行线（已有规定剖面符号者除外）		木质胶合板（不分层数）	
线圈绕组元件		基础周围的泥土	
转子、电子、变压器和电抗器等的叠钢片		混凝土	
非金属材料（已有规定剖面符号者除外）		钢筋混凝土	

绘制金属材料的剖面符号时应注意：剖面线用细实线绘制，而且与剖面区域外轮廓成对称或适宜的角度，参考角为 45°，如图 5.9 所示为通用剖面线的画法。在同一机件的各剖视图中，剖面线的方向与间隔距离均应一致。

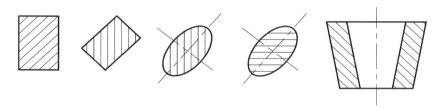

图 5.9　通用剖面线的画法

2）画剖视图的注意事项

（1）由于剖切是假想的，虽然机件的某个视图画成剖视图后，但机件的其他视图不受影响，仍按完整机件考虑。如图 5.10（a）所示机件，主视图取剖视图表达后，俯视图按完整物体画出。

（2）剖视图的目的是清晰地表达物体的内部结构，避免画过多的虚线。因此，剖视图中一般不画虚线。但是在若不画虚线就不能表达清楚物体结构的情况下，虚线必须要画出。如图 5.10（b）所示机件，若主视图上不画虚线，前后圆形底板的高度信息就没有表达完整，所以要保留主视图中的虚线。

（3）剖切面后方的可见轮廓线要全部画出，不应遗漏，如图 5.11 所示不同形状孔的剖视图。

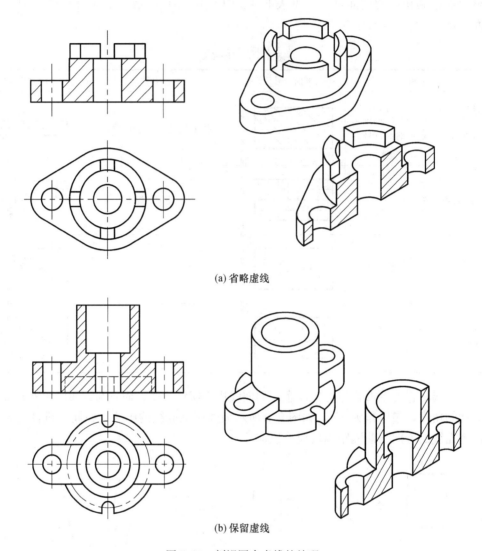

(a) 省略虚线

(b) 保留虚线

图 5.10　剖视图中虚线的处理

（4）对于机件上的一些起加强机件强度和刚度作用的肋板、轮辐及薄壁等结构，若按纵向剖切，这些结构都不画剖面符号，而用粗实线将它与其相邻接部分分开。若按横向剖切，肋等结构反映其实际厚度时，截断面上要画出剖面符号。如图 5.12 所示，在 $A\text{-}A$ 剖视图中前方支撑肋板的表达不加剖面符号，在 $B\text{-}B$ 剖视图中肋板的断面要画出剖面符号。

3）剖视图的标注

剖视图的标注一般包括三项内容：剖视图的名称、剖切位置和投影方向。

在剖视图上用大写字母标出剖视图的名称"×-×"。在相应的其他图中，剖切面的起止和转折处用剖切符号（线宽为 $1.5b$ 的短粗线，b 表示粗实线宽度）表示剖切位置，并在剖切符号旁标注同样的字母，再用细线箭头表明投影方向，完整的标注如图 5.8（b）所示。

当剖视图按投影关系配置，中间又没有其他视图隔开时，因为投影关系明确，可以省略箭头，如图 5.13（a）中的 $A\text{-}A$ 剖视图。

图 5.11　不同形状孔的剖视图

图 5.12　薄壁结构剖视画法

当剖切平面通过机件的对称面或基本对称面，并且剖视图按投影关系配置，中间也没有其他视图隔开时，可全部省略标注，如图 5.13（b）中的主视图。

3. 剖视图的分类

根据机件被剖切面剖开范围的大小，剖视图可分为全剖视图、半剖视图和局部剖视图。

1）**全剖视图**

假想用剖切面完全剖开机件后所得的剖视图称为全剖视图，如图 5.8、图 5.10 等所示。

全剖视图主要用于表达内部结构形状较复杂，且又不对称的机件。或者机件的外形简

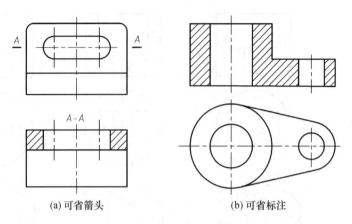

(a) 可省箭头　　　　　　　　　(b) 可省标注

图 5.13　剖视图标注的省略

单，其内部结构需要表达的时候，也常用全剖视图来表达。

2) **半剖视图**

当机件具有对称平面时，向垂直于对称平面的投影面上投影所得的图形，以对称中心线为界，一半画成剖视图，另一半画成视图，这种组合的图形称为半剖视图，如图 5.14 所示。

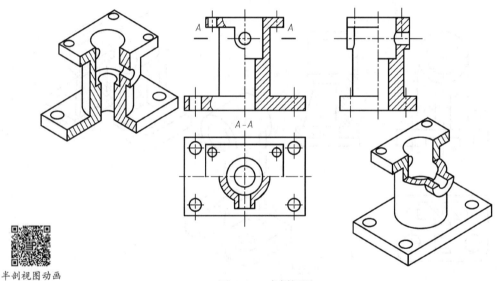

半剖视图动画

图 5.14　半剖视图

半剖视图的特点是用剖视图和视图的一半分别表达机件的内形和外形。画半剖视图时应注意以下几点：

（1）凡在剖切的半个视图上剖到的内部结构（已画成粗实线），在不剖的半个视图上表示相应对称结构的虚线应全部省略不画（小孔仍然需要画出中心线）。

（2）在半剖视图中，剖与不剖的分界线应以点画线画出。

（3）半剖视图主要用于内外结构均需表达的对称机件。如果物体形状接近对称，且不对称部分已另有图形表达清楚，也可以画成半剖视图。如图 5.15 所示，机件的上下结构基本对称，但上半部分局部有一个小通孔，仍可采用半剖视图表达。

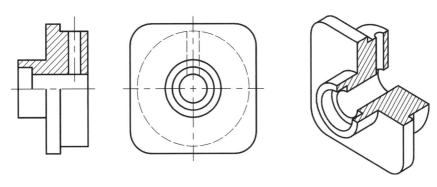

图 5.15　局部不对称机件的半剖视图

3）局部剖视图

假想用剖切平面局部地剖开机件所得的剖视图为局部剖视图，通常用波浪线表示剖切范围，如图 5.16 所示。局部剖视图一般用于内外结构形状均需表达的不对称机件。或是没必要作全剖或半剖，只需用剖切平面局部地剖开的机件。

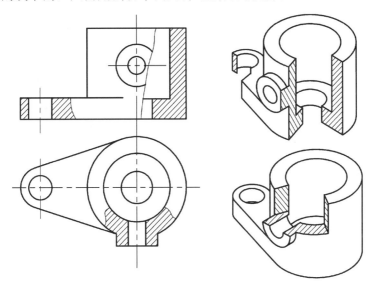

图 5.16　局部剖视图

画局部剖视图应注意以下几个问题：

（1）波浪线应画在机件表面的实体部分，如遇孔、槽，不能穿空而过，不能超出视图轮廓线之外，也不能用图中的轮廓线代替，如图 5.17（a）所示。

（2）波浪线不应与其他图线或其延长线重合，如图 5.17（b）、（c）所示。

（3）当被剖切结构为回转体时，允许将该结构的轴线作为局部剖视与视图的分界线，如图 5.18 所示。

（4）局部剖视图一般可不标注，但剖切位置不确切时仍需标注，如图 5.19 所示。

（5）在一个视图中不宜过多地采用局部剖视，否则会使图形显得零乱，影响读图效果。

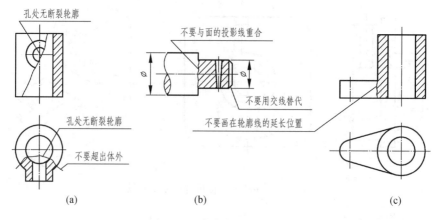

图 5.17　波浪线的错误画法

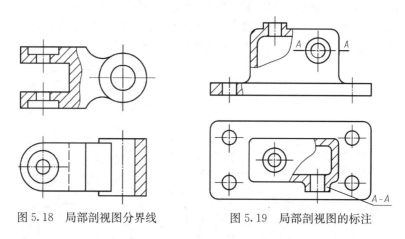

图 5.18　局部剖视图分界线　　　　图 5.19　局部剖视图的标注

4. 剖切平面的类型

根据机件的结构特点，可选用单一剖切平面、几个平行的剖切平面和几个相交的剖切平面三种类型来剖开机件，以获得上述三种剖视图。无论采用哪种剖切平面剖开机件，均可画成全剖视图、半剖视图或局部剖视图。

1）**单一剖切平面**

单一剖切平面通常有两种情况，一种是用平行于基本投影面的一个剖切平面剖开机件，上述全剖视图、半剖视图和局部剖视图均采用此方法剖切，该方法在机件表达上被广泛应用；另一种是用不平行于任何基本投影面的一个剖切平面剖开机件，移去剖切面和观察者之间的部分，将其余部分投影到与剖切平面平行的投影面上。该方法适用于表达机件上倾斜部分的内形。

后一种方法获得的剖视图必须标注。一般情况下，尽量按投影关系配置，在不致引起误解时允许将其摆正画出，并要在剖视图上方水平标注"⌒╲×-×"或"×-×⌒╱"，如图 5.20 中"⌒╲ A-A"。

2）**几个平行的剖切平面**

当机件上有较多的内部结构形状，而它们的对称面相互平行时，可假想用几个互相平行的剖切平面剖切。

如图 5.21 所示，机件用了三个平行的剖切平面剖切后，画出"A-A"全剖视图。几个平行面剖切得到的剖视图必须标注，剖切平面转折处用粗实线段直角转折标出，并注上字母。

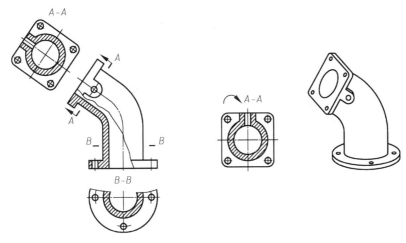

图 5.20 不平行于基本投影面的单一剖切平面剖切

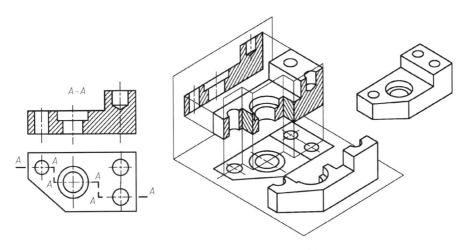

图 5.21 用几个平行的剖切平面剖切

绘制时应注意以下问题：

（1）剖视图中不能出现不完整的结构要素，如图 5.22（a）所示，要将机件上的孔结构剖切完整。

（2）剖视图中在剖切平面的转折处不画任何线，而且不得与机件的轮廓线重合，如图 5.22（b）所示。

（3）剖切平面不得互相重叠。

3）几个相交的剖切平面

当机件的内部结构形状用一个剖切平面不能表达完全，且这个机件在整体上又具有回转轴时，可假想用几个相交的剖切平面剖开机件，然后将被剖切平面剖开的结构及其有关部分旋转到与选定的基本投影面平行，再进行投影，如图 5.23 所示。

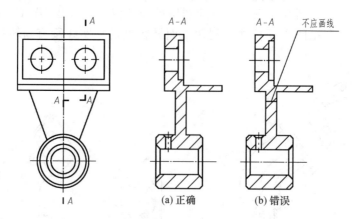

图 5.22　用几个平行的剖切平面剖切时正误比较

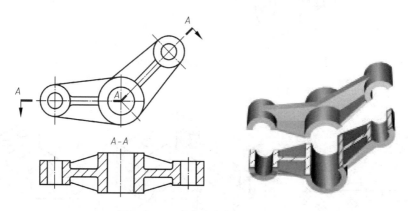

图 5.23　两个相交的剖切平面剖切

绘图时应注意以下问题：

（1）几个相交的剖切面应垂直于同一个基本投影面。

（2）先假想按剖切位置剖开机件，并将被剖切面剖开的结构及其有关的部分旋转到与选定的基本投影面平行再进行投影。

（3）剖切平面不得互相重叠。

（4）用几个相交的剖切平面剖切必须标注。标注时，在剖切平面的起止和转折处画上剖切符号，标上同一字母，并在起、止处画出箭头表示投影方向，在所画剖视图的上方中间位置用同一字母写出其名称"×-×"，如图 5.23 所示。

（5）当剖切后产生不完整的结构要素时，应将该部分按不剖画出，如图 5.24 所示。

4）复合剖切

若采用上述的剖切方法不能将机件的内部结构表达清楚时，可将几种方法相结合剖切机件，这样得到的图形称为复合剖视。

如图 5.25 所示，为平行剖切平面与相交剖切平面组合剖切一机件所得到的剖视图。

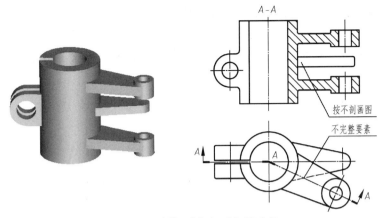

图 5.24　剖切后产生不完整要素

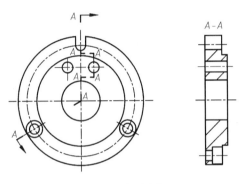

图 5.25　复合剖视

5.1.3　断面图

1. 断面图的概念

假想用剖切面将机件的某处切断，仅画出该剖切面与机件接触部分的图形，称为断面图，简称断面，如图 5.26（a）所示。

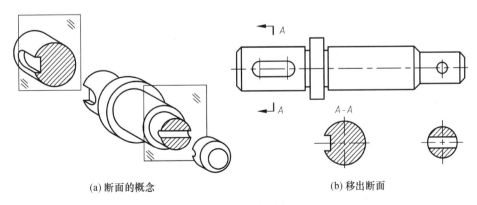

(a) 断面的概念　　　　　　　　　　(b) 移出断面

图 5.26　断面图

断面图常用于表达机件上的肋板、轮辐、实心杆件表面开键槽、孔等结构以及型材的断面形状。剖切平面一般应垂直于机件的主要轴线或剖切处的轮廓线。

断面图与剖视图的主要区别是：剖视图中不仅要画出断面形状，还有其后面部分一起向投影面的投影。

2. 断面图的种类

断面图分为移出断面图和重合断面图两种。

1） **移出断面**

画在视图之外的断面图称为移出断面图，轮廓线用粗实线绘制，如图 5.26（b）所示。

移出断面一般用剖切符号表示剖切位置，用箭头指明投影方向，并注上字母。在断面图的上方，用同样的字母标出断面图的名称"×-×"，如图 5.26（b）中的 *A-A* 断面图，表达出轴左端键槽的深度。

断面图形对称时，也可画在视图的中断处，如图 5.27 所示。由两个或多个相交的剖切平面剖切机件得到的移出断面，中间一般用波浪线断开，如图 5.28 所示。

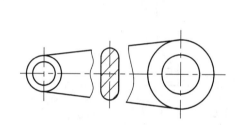

图 5.27　移出断面示例（一）

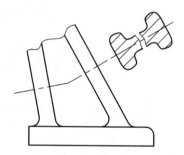

图 5.28　移出断面示例（二）

在不致引起误解时，允许将图形旋转，但要标注清楚，如图 5.29 所示 *A-A* 断面图。

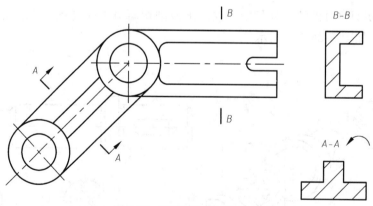

图 5.29　移出断面示例（三）

配置在剖切符号延长线上的对称移出断面，以及配置在视图中断处的对称移出断面，均可省略标注。配置在剖切符号延长线上的不对称移出断面，可省略字母。按投影关系配置的不对称移出断面，可省略箭头，如图 5.26、图 5.29 所示。

当剖切平面通过完整的回转面形成的孔或凹坑的轴线时，孔或者凹坑本身要按剖视图绘制，如图 5.30 所示。

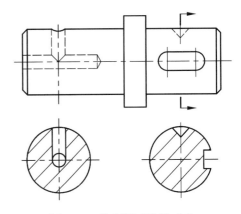

2）**重合断面**

画在视图内部的断面图称为重合断面，重合断面的轮廓线用细实线绘制。当视图中轮廓线与重合断面的图形重叠时，视图中的轮廓线仍应连续画出，不可间断，如图 5.31 所示。

重合断面图形不对称时，需画出剖切符号及投影方向，可不标字母，如图 5.31 所示。当重合断面图形对称时，可不加任何标注，如图 5.32 所示。

图 5.30　移出断面示例（四）

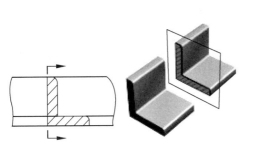

图 5.31　重合断面示例（一）

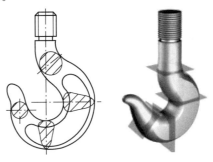

图 5.32　重合断面示例（二）

5.1.4　局部放大图和简化画法

为了使图形清晰和画图简便，国家标准规定机件图样可以采用局部放大图及简化画法。

1. 局部放大

将机件的部分结构用大于原图形所采用的比例画出的图形，称为局部放大图。

局部放大图可画成视图、剖视图、断面图，它与原视图的表达方法及比例无关。局部放大图应尽量配置在被放大部位的附近，并用波浪线画出被放大部分的范围。

绘制局部放大图时，应在原图上用细实线圈出被放大的部位。当机件上仅一处被放大时，在局部放大图的上方只需注明所采用的比例；若几处被放大时，须用罗马数字依次标明被放大部位，并在局部放大图上方标注出相应的罗马数字和所采用的比例，如图 5.33 所示机件上采用局部放大表达的Ⅰ、Ⅱ处。

2. 简化画法

为了简化作图，国家标准规定了若干简化画法，下面简要介绍部分简化画法：

（1）在不致引起误解时，零件图中的移出断面，允许省略剖面符号，但剖切位置和断面图必须按规定标注，如图 5.34（a）所示。

（2）当机件具有若干相同结构并按一定的规律分布时，只需画出几个完整的结构，在图中注明该结构的总数即可，如图 5.34（b）所示。

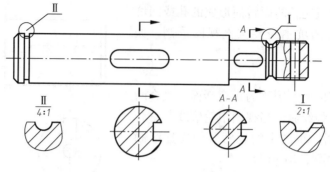

图 5.33　机件的局部放大图

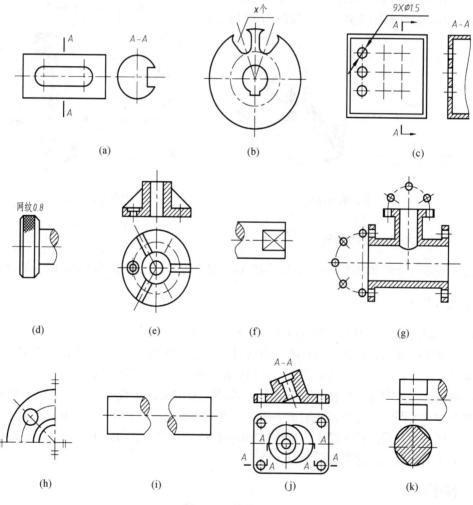

图 5.34　简化画法

（3）若干直径相同且成规律分布的孔，可以仅画出一个或几个，其余只需用点画线表示其中心位置，在图中注明该结构的总数即可，如图 5.34（c）所示。

（4）网状物、机件上的滚花部分，可在轮廓线附近用细实线示意画出，并在图上注明这些结构的要求，如图 5.34（d）所示。

（5）对于机件的肋、轮辐及薄壁等结构，如果按纵向剖切，这些结构都不画剖面符号，而用粗实线将它与其邻接部分分开，如图 5.34（e）所示。

（6）当零件回转体上均匀分布的肋轮辐、孔等结构不处于剖切平面上时，可将这些结构旋转到剖切平面上画出，且对均布孔只需详细画出一个，另一个只画出轴线即可，如图 5.34（e）所示。

（7）当图形不能充分表达平面时，可用平面符号（相交两细实线）表示，如图 5.34（f）所示。

（8）圆柱形法兰和类似零件上均匀分布的孔可按图 5.34（g）所示的方法表示。

（9）在不致引起误解时，对于对称的视图可以只画一半或四分之一，并在对称中心线的两端画出两条与其垂直的平行细实线，如图 5.34（h）所示。

（10）对较长的机件沿长度方向的形状一致或按一定规律变化时，如轴、杆、型材、连杆等，可以断开后缩短表示，但要标注实际尺寸，如图 5.34（i）所示。

（11）与投影面倾斜角度小于或等于 30°的圆或圆弧，其投影可以用圆或圆弧来代替，如图 5.34（j）所示。

（12）机件上较小的结构，如果在一个图形中已表示清楚，则在其他图形中可以简化或省略，如图 5.34（k）所示。

5.1.5　第三角投影法简介

在 GB/T 14692—2008《技术制图 投影法》中规定了第三角投影画法。

1. 第三角投影法

相互垂直的两个投影面正面 V 和水平面 H 将空间分为四个分角，如图 5.35 所示。我国工程图样采用在第一角内的投影法。但有些国家（如美国、加拿大、日本等）采用第三角投影法。

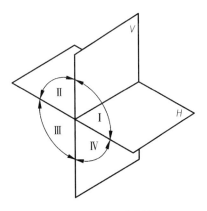

图 5.35　第三角投影

2. 第三角投影法六个基本视图的形成及其配置

将物体置于第三分角内，并使投影面处于观察者与物体之间而得到的多面正投影，称为第三角投影法。第三角投影法的基本投影面仍规定为正六面体的六个面。其展开方法是，正六面体的前面保持不动，而其余投影面按图 5.36 所示展开，与前面处于同一个平面内。由此即可得到六个基本视图，其配置和名称见图 5.37 所示。

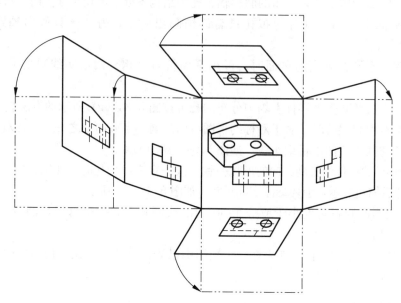

图 5.36　第三角投影法基本投影面的展开

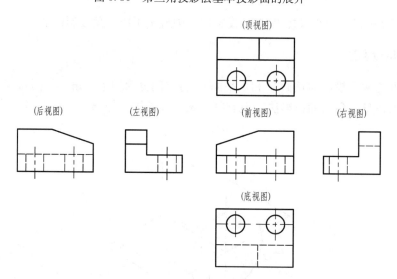

图 5.37　第三角投影法六个基本视图的配置

3. 第一角与第三角投影法的符号

当采用第三角投影法时，必须在图样中画出第三角投影法的识别符号，一般放置在标题栏及代号区的下方。

第一角投影法用图 5.38（a）符号表示，可以省略。第三角投影法用图 5.38（b）符号表示，必须标出。

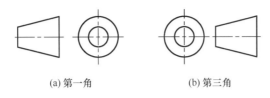

(a) 第一角　　　　　　　　　(b) 第三角

图 5.38　投影法的识别符号

5.2　标准件和常用件的图样表达

在机器或部件的装配、安装中，广泛使用螺纹紧固件或其他连接件。在机械传动、支撑、减振等方面大量使用齿轮、轴承、弹簧等机件。这些被大量使用的零部件，称为标准件和常用件，如图 5.39 所示。

图 5.39　标准件和常用件

在结构、尺寸等各个方面都已经标准化的零件称为标准件，如螺纹紧固件、键、销等。部分结构和重要参数标准化和系列化的零件称为常用件，如齿轮等。

国家有关部门对标准件和常用件颁布了国家标准，并由专门的生产厂家使用标准的专用机床进行生产。

在装配和维修机器时，只需按照规格选用或更换标准件和常用件。绘图时，只要按照国家标准规定的画法、代号或标记进行绘图和标注。其详细结构和尺寸，可以根据代号和标记查阅相应的国家标准得出。

5.2.1　螺纹连接

螺纹及螺纹紧固件一般不按真实投影表达，需要采用规定画法和标记的特殊表示法。GB/T 4459.1—1995《机械制图　螺纹及螺纹紧固件表示法》规定了螺纹及螺纹紧固件的表示法。

1. 螺纹

螺纹是零件上的一种常见结构，在零件外表面上的螺纹称为外螺纹，在零件内表面上的螺纹称为内螺纹，如图 5.40 所示。

螺纹的加工方法很多，如在机床上车削、碾压以及用手工工具丝锥、板牙等加工。

图 5.41 所示为在车床上车削螺纹。此时工件做匀速旋转运动，车刀做匀速轴向运动。

当车刀切入工件时，车刀刀尖便在工件上切出一定形状和深度的螺旋沟槽，这就是螺纹。把车刀刀头磨成不同的几何形状，便得到不同牙型的螺纹。

图 5.40　内螺纹和外螺纹

1）螺纹结构要素

螺纹结构由五个要素确定，内、外螺纹的旋合条件是螺纹的五个要素必须完全相同，否则内、外螺纹不能互相旋合。螺纹的五要素详述如下。

（1）螺纹牙型。

牙型是螺纹轴向剖面的轮廓形状。常见的牙型有三角形、梯形、锯齿形和矩形等。不同牙型的螺纹，有不同的用途。如三角形螺纹用于连接，梯形、矩形螺纹用于传动等。在图样上一般只要标注螺纹牙型代号即能区别出各种牙型。

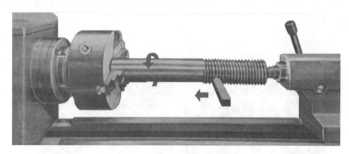

图 5.41　车削螺纹

（2）螺纹直径。

螺纹直径有大径、中径和小径，如图 5.42 所示。

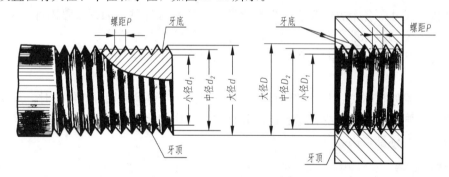

图 5.42　螺纹各部分名称和代号

① 大径是指与外螺纹的牙顶或内螺纹牙底相重合的假想圆柱的直径。内、外螺纹的大径分别用 D、d 表示。

② 小径是指与外螺纹的牙底或内螺纹牙顶相重合的假想圆柱的直径。内、外螺纹的小径分别用 D_1、d_1 表示。

③ 中径是一个假想圆柱的直径，即在大径和小径之间，其母线通过牙型上的沟槽和凸起宽度相等的地方。内、外螺纹的中径分别用 D_2、d_2 表示。

（3）线数。

螺纹有单线和多线之分。在同一螺纹件上沿一条螺旋线所形成的螺纹称为单线螺纹。沿两条以上螺旋线形成的螺纹称为多线螺纹，螺纹的线数用 n 表示。如图 5.43 所示为单线螺纹和双线螺纹。

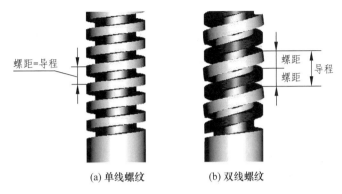

(a) 单线螺纹　　　　　　　(b) 双线螺纹

图 5.43　螺纹的线数

（4）螺距和导程。

螺纹相邻两个牙齿在中径线上对应点间的轴向距离称为螺距，用 P 表示。同一条螺旋线上相邻两齿在中径线上对应点间的距离称为导程，用 S 表示。对于单线螺纹，螺距等于导程，多线螺纹的螺距 $P=S/n$。

（5）旋向。

螺纹有右旋和左旋之分。当内、外螺纹旋合时，按顺时针旋入为右旋螺纹；按逆时针旋入为左旋螺纹（或把轴线铅垂放置，螺纹的可见部分从左下向右上倾斜的为右旋螺纹，从右下向左上倾斜的为左旋螺纹）。工程上常用右旋螺纹，如图 5.44 所示。

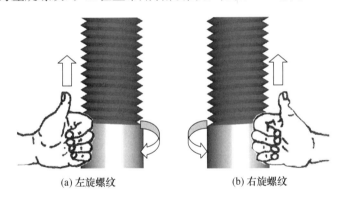

(a) 左旋螺纹　　　　　　　　　　(b) 右旋螺纹

图 5.44　螺纹的旋向

螺纹的牙型、直径和螺距均符合国家标准的螺纹称为标准螺纹，否则称为非标准螺纹。

2）标准螺纹规定画法

国家标准规定螺纹画法如下。

（1）外螺纹画法，如图 5.45 所示。

① 外螺纹的大径用粗实线表示。

② 外螺纹的小径用细实线表示，通常画成大径的 0.85 倍。螺杆的倒角或倒圆部分也应画出。在垂直于螺纹轴线的投影面的视图（以下称为端视图）中表示小径的细实线圆只画约 3/4 圈，空出的 1/4 圈位置不作规定，且轴端倒角的投影圆省略不画。

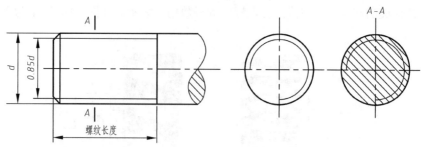

图 5.45　外螺纹画法

③ 螺纹终止线用粗实线表示。

④ 螺尾部分是不完整的螺纹结构，一般不必画出。

⑤ 在剖视图或断面图中，剖面线必须画到螺纹大径（粗实线）处，如图 5.45 和图 5.46 中所示的 *A-A* 断面图。

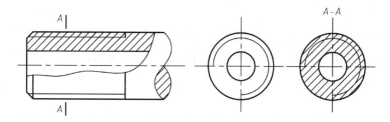

图 5.46　外螺纹剖切画法

（2）内螺纹画法，如图 5.47 所示。

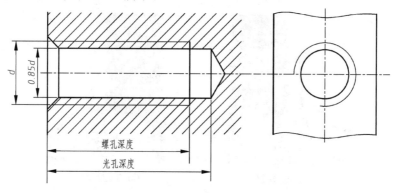

图 5.47　内螺纹的画法

内螺纹一般多画成剖视图，其规定画法如下：

① 内螺纹的小径用粗实线表示。

② 内螺纹的大径用细实线表示，小径大径之比为 0.85。在端视图中，表示大径的细实线圆只画约 3/4 圈（空出的 1/4 圈的位置不作规定），且孔端倒角的投影圆省略不画。

③ 内螺纹的终止线用粗实线表示。

④ 在剖视图或断面图中，剖面线必须画到小径（粗实线）处。

⑤ 当内螺纹以视图形式画出时，则不可见螺纹的所有图线均按虚线绘制，如图 5.48 所示。

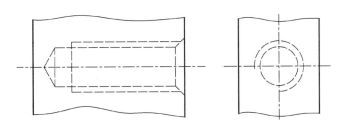

图 5.48　内螺纹未剖时的画法

（3）内、外螺纹连接画法。

在装配图上画内外螺纹连接时，通常采用剖视图。按机械制图国家标准规定：当剖切平面通过实心螺杆的轴线时，螺杆作不剖绘制，内外螺纹结合部分按外螺纹画法绘制，其余部分仍按各自的规定画法绘制，并且内、外螺纹的大、小径的粗细实线应分别对齐，如图 5.49 所示。

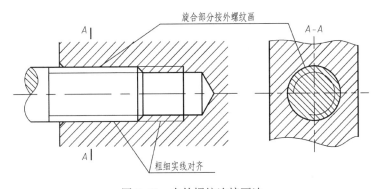

图 5.49　内外螺纹连接画法

3）**螺纹种类**

螺纹（按螺纹要素分）$\begin{cases} \text{标准螺纹（牙型、大径和螺距均符合国家标准）} \\ \text{特殊螺纹（牙型符合国家标准，大径和螺距不符合）} \\ \text{非标准螺纹（牙型不符合国家标准）} \end{cases}$

螺纹（按螺纹用途分）$\begin{cases} \text{连接螺纹} \begin{cases} \text{普通螺纹 M（粗牙、细牙）} \\ \text{管螺纹（R 为螺纹密封、G 为非螺纹密封）} \end{cases} \\ \text{传动螺纹} \begin{cases} \text{梯形螺纹 Tr} \\ \text{锯齿形螺纹 B} \\ \text{矩形螺纹（非标准螺纹）} \end{cases} \end{cases}$

几种常用标准螺纹的具体分类详见表 5.2。

4）**螺纹标注**

由于螺纹采用了统一规定的画法，为识别螺纹的种类和规格，螺纹必须按规定格式进行标注。

表 5.2　常用标准螺纹的种类

螺纹种类		牙型符号	牙型及内、外螺纹旋合的放大图	说明
连接螺纹	普通螺纹	M	60°	牙型是等边三角形，牙型角60°。 普通螺纹分为粗牙和细牙两种。 在大径相同的条件下，细牙螺纹螺距比粗牙螺纹的螺距小。粗牙螺纹用于一般的零件连接，细牙螺纹用于细小精密零件和薄壁零件的连接
连接螺纹（非螺纹密封）	管螺纹（非螺纹密封）	G	55°	牙型是等腰三角形，牙型角为55°。常用于水管、油管、煤气管等薄壁零件，螺纹深度较浅
传动螺纹	梯形螺纹	Tr	30°	牙型为梯形，牙型角为30°。梯形螺纹用于承受双向轴向力的一般传动零件，如螺杆等

标准螺纹的标注格式如下：

螺纹代号 - 螺纹公差带代号（中径、顶径）- 螺纹旋合长度代号

（1）螺纹代号。

① 单线普通螺纹和梯形螺纹：牙型符号　公称直径×螺距　旋向。

② 多线普通螺纹和梯形螺纹：牙型符号　公称直径×导程（P 螺距）　旋向。

③ 粗牙普通螺纹的螺距省略标注。

④ 当螺纹为右旋时，"旋向"省略标注。左旋螺纹用"LH"表示。

⑤ 管螺纹：牙型符号　尺寸代号　旋向。

⑥ 管螺纹分为用螺纹密封的管螺纹 R 和非螺纹密封的管螺纹 G。

特别应该注意的是管螺纹的尺寸代号是带有外螺纹的管子的孔径，单位为英寸。

（2）螺纹公差带代号。

螺纹公差带代号是由数字和字母组成（内螺纹用大写字母，外螺纹用小写字母）如 6H、5g 等。若螺纹的中径公差带与顶径公差带的代号不同（顶径指外螺纹的大径和内螺纹的小径）则分别标注，如 6H7H、5h6h，中径公差带在前，顶径公差带在后。梯形螺纹、锯齿形螺纹只标注中径公差带代号。

（3）螺纹旋合长度。

螺纹旋合长度是指两个相互配合的螺纹，沿螺纹轴线方向相互旋合部分的长度。

普通螺纹旋合长度分 S（短）、N（中）、L（长）三组。梯形螺纹分 N、L 两组。当旋合长度为 N 时，省略标注。必要时，也可用数值注明旋合长度。

表 5.3 为常用标准螺纹的标注示例。

表 5.3　常用标准螺纹标注示例

标记代号			标注示例
粗牙普通螺纹	螺纹代号	M24-6g	M24-6g 螺距、旋向省略不注。
	牙型符号	M	
	公称直径	24	
	螺距	3	
	旋向	右	
细牙普通螺纹	螺纹代号	M24×2-6h	M24×2-6h
	牙型符号	M	
	公称直径	24	
	螺距	2	
	旋向	右	
梯形螺纹	螺纹代号	Tr20×8（P4）LH-7e	Tr20X8(P4)LH-7e
	牙型符号	Tr	
	公称直径	20	
	螺距	4	
	导程/线数	8/2	
	旋向	左	
锯齿形螺纹	螺纹代号	S40×14（P7）	S40X14(P7)
	牙型符号	S	
	公称直径	40	
	螺距	7	
	导程/线数	14/2	
	旋向	右	
非螺纹密封的 管螺纹	螺纹代号	G1A	G1A 尺寸数值 1 表示的是该管子的孔径，故管螺纹的标注规定用斜线指到大径上
	牙型符号	G	
	尺寸代号	1	
	旋向	右	

5）螺纹工艺结构

（1）螺纹倒角。

为了便于内、外螺纹装配和防止端部螺纹结构损伤，在螺纹端部常加工出螺纹倒角，如图 5.50 所示。

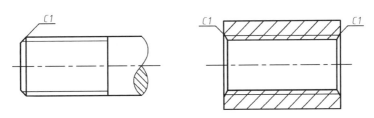

图 5.50　螺纹倒角

（2）螺纹退刀槽。

在加工螺纹时，为了便于退刀，在螺纹终止处，先加工出退刀槽，再加工螺纹，如图 5.51 所示。

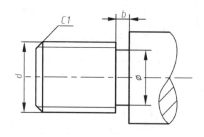
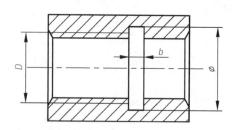

图 5.51 螺纹退刀槽

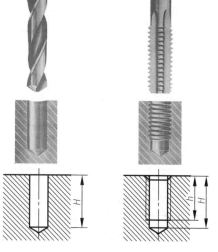

图 5.52 不通的螺孔

（3）不通的螺孔。

加工不通的小螺孔时，先钻孔再攻螺纹。钻头端部是圆锥形，钻孔底部的圆锥画成 120°，不必标注。为了保证螺纹的有效长度，钻孔深度 H 要大于螺纹长度 h，两者之间的差值称钻孔余量，一般 $H-h=0.5D$，如图 5.52 所示。

2. 螺纹紧固件

用螺纹起连接和紧固作用的零件称为螺纹紧固件。其结构、尺寸均已标准化，属于标准件，一般由标准件厂大量生产。在设计绘图过程中，凡涉及这些标准件时，只需根据规定的图示方法进行表达，并写出其规定标记。

1）**螺纹紧固件的种类**

常用的螺纹紧固件有螺栓、双头螺柱、螺钉、螺母和垫片等，如图 5.53 所示。

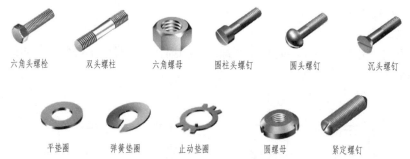

| 六角头螺栓 | 双头螺柱 | 六角螺母 | 圆柱头螺钉 | 圆头螺钉 | 沉头螺钉 |

| 平垫圈 | 弹簧垫圈 | 止动垫圈 | 圆螺母 | 紧定螺钉 |

图 5.53 常用的螺纹紧固件

2）**螺纹紧固件标记及画法**

GB/T 1237—2000《紧固件标记方法》规定，螺纹紧固件的完整标记内容较多，但通常采用省略后的简化标记方法，它可以代表标准件的全部特征。

　　螺纹紧固件的种类、标记示例和比例画法见表 5.4。

　　螺纹简化画法是在比例画法的基础上，将螺纹紧固件的工艺结构，如倒角、退刀槽等均省略不画，六角头螺栓的头部和六角螺母的外形也简化成正六棱柱来绘制。

表 5.4　螺纹紧固件的种类、标记示例及比例画法

种类	比例画法	标记示例
六角头螺栓		螺栓 GB/T 5782 M10×60
双头螺柱		螺柱 GB/T 898 M10×50
开槽沉头螺钉		螺钉 GB/T 68 M10×60
六角螺母	r 由作图得出	螺母 GB/T 6170 M10
平垫圈		垫圈 GB/T 97.3 10-100HV

图 5.54　螺纹紧固件连接

3. 螺纹紧固件连接

常用的螺纹连接有螺栓连接、双头螺柱连接和螺钉连接三种连接形式，如图 5.54 所示。

螺纹紧固件的连接图样要表现出各个零件间的连接装配关系，螺栓、螺母、垫圈等零件可以采用国标规定的比例画法进行绘制。同时，因为所有标准件的尺寸均可以从有关标准手册中查出，所以国标还规定可以采用简化画法绘制螺纹紧固件连接图。

1) 画螺纹紧固件连接图的一般规定

（1）相邻两零件的接触表面画成一条线，不接触表面画成两条线。

（2）对于连接件和实心零件（如螺栓、螺柱、螺母、垫圈、轴等），若剖切平面通过它们的轴线时均按不剖绘制。需要时，可采用局部剖视表达。

（3）相邻两零件的剖面线应不同，可用方向相反或间隔不等来区别。但同一个零件在各个视图中的剖面线的方向和间隔应一致。

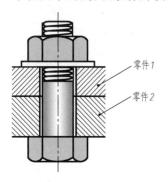

零件1

零件2

图 5.55　螺栓连接

螺栓连接动画

2) 螺栓连接

在被连接的两个零件上加工出比螺栓直径稍大的通孔，螺栓先穿过通孔，套上垫圈，再拧紧螺母，如图 5.55 所示。该连接用于被连接件都不太厚，能加工成通孔且要求连接力较大的情况，垫圈的作用是增加支撑面积和防止拧紧螺母时损伤被连接件的表面。

螺栓连接设计时要注意：

（1）被连接零件的通孔尺寸大于螺栓杆上螺纹大径，约其 1.1 倍。

（2）螺栓杆端部相对于螺母上顶面一定要留有伸出量。

（3）螺栓长度由两个被连接零件的厚度、垫圈厚度、螺母高度及伸出量总和决定。

如图 5.56 所示为螺栓连接的画图步骤。

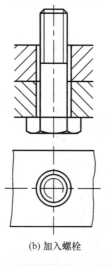

(a) 被连接件打上光孔

(b) 加入螺栓

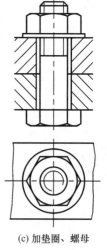

(c) 加垫圈、螺母

图 5.56　螺栓连接的画图步骤

3) **螺柱连接**

在图 5.55 中，当零件 2 很厚，如果使用螺栓连接，螺杆就会太长，这时应当使用螺柱连接。

螺柱连接由双头螺柱、螺母和垫圈组成。在被连接的零件中较薄的一个加工出通孔，在较厚的一个加工出螺孔。双头螺柱一端旋紧在这个螺孔中，另一端穿过另一个被连接零件的通孔，然后套上垫圈，旋紧螺母，如图 5.57 所示。

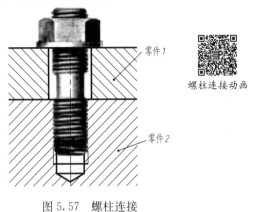

螺柱连接动画

图 5.57　螺柱连接

螺柱连接用于被连接零件之一较厚或不允许钻成通孔，且要求连接力较大的情况，螺柱连接的下部似螺钉连接，而其上部似螺栓连接。

图 5.58 所示为螺柱连接的画图步骤。

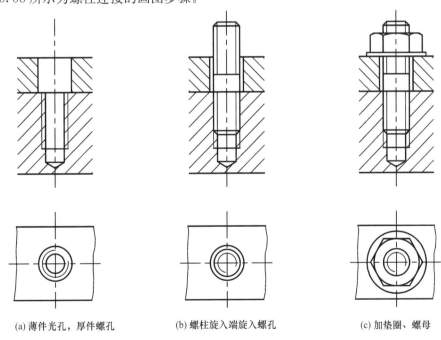

(a) 薄件光孔，厚件螺孔　　　　(b) 螺柱旋入端旋入螺孔　　　　(c) 加垫圈、螺母

图 5.58　螺柱连接画法

4) **螺钉连接**

螺钉连接多用于受力不大，又不经常拆装的场合。被连接的零件中较薄的加工出通

孔，另一较厚零件加工出螺孔，然后将螺钉穿过通孔旋进螺孔而连接两个零件，如图 5.59 所示。

常用的连接螺钉有开槽圆柱头螺钉、开槽沉头螺钉和紧定螺钉等。

如图 5.60 所示为螺钉连接画法。

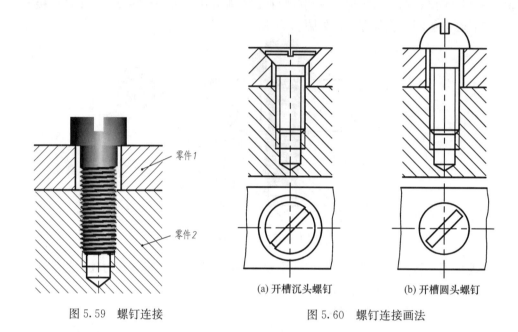

图 5.59　螺钉连接

(a) 开槽沉头螺钉　　　　(b) 开槽圆头螺钉

图 5.60　螺钉连接画法

5.2.2　键连接

键是标准件。通常用来连接轴和轴上的传动零件（如皮带轮、齿轮等），使它们一起转动，这种连接称为键连接。它的作用是使轴和传动件不发生相对转动，保证两者同步旋转，传递扭矩和旋转运动。

常用的键有普通平键、半圆键等，如图 5.61 （a）所示。平键的两个侧面是工作表面。

(a) 普通平键　　　　　　　　　(b) 键连接

图 5.61　键与键连接

键连接时，在轮毂和轴上加工有相应的键槽，将键嵌入其中，使轮毂和轴同步转动，如图 5.61 （b）所示。

图 5.62 所示为键连接的画法。在主视图上，键被纵向剖切，按不剖绘制，不画剖面线。左视图上被横向剖切，要画剖面线。键顶部与轮毂顶面不应接触，画图时此处留有空隙。

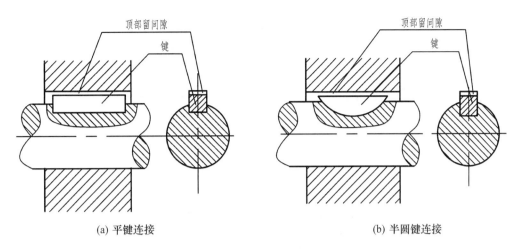

(a) 平键连接　　　　　　　　　　　　　　　　(b) 半圆键连接

图 5.62　键连接的画法

　　键的标记、形式、键及键槽的尺寸，根据轴径大小可在相应的国家标准中查表取得。

5.2.3　销连接

　　销是标准件。销连接属于可拆连接，常用的有圆柱销、圆锥销和开口销三种。圆柱销和圆锥销主要用于零件间的连接和定位。开口销常与带销孔的螺栓和槽形螺母一起使用，以防止螺母松开，也可用于固定其他零件。

　　如图 5.63、图 5.64、图 5.65 所示为不同类型的销及销连接简化图样。

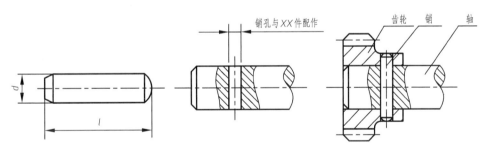

图 5.63　圆柱销连接

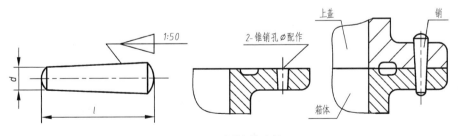

图 5.64　圆锥销连接

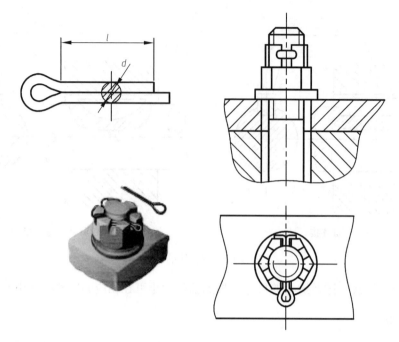

图 5.65　开口销连接

5.2.4　滚动轴承

滚动轴承用来支撑轴，可把滑动摩擦变成滚动摩擦。它的类型很多，一般由外圈、内圈、滚动体和保持架组成。由于它具有摩擦力小、结构紧凑等优点，被广泛应用于各种机械、仪表等设备中。

滚动轴承按其承受载荷方向的不同，可分为三种形式。

（1）向心轴承：主要用于承受径向负荷，如深沟球轴承，如图 5.66 所示。

（2）推力轴承：主要用于承受轴向负荷，如平底推力球轴承，如图 5.67 所示。

（3）向心推力轴承：可以同时承受径向负荷和轴向负荷，如圆锥滚子轴承，如图 5.68 所示。

滚动轴承是标准部件，GB/T 4459.7—2017《机械制图 滚动轴承表示法》规定了滚动轴承的表示方法。使用代号表示轴承的结构、尺寸、公差等级、技术性能等特征。滚动轴承在图样中需按规定画法绘制。

图 5.66　深沟球轴承

图 5.67　平底推力球轴承

图 5.68　圆锥滚子轴承

如图 5.69 所示为深沟球轴承的规定画法、特征画法以及轴承装配画法。

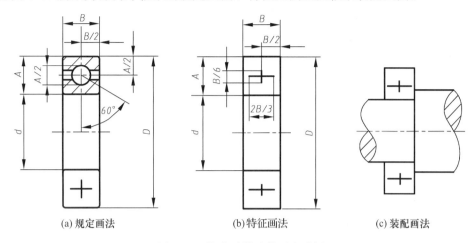

| (a) 规定画法 | (b)特征画法 | (c) 装配画法 |

图 5.69　深沟球轴承的画法示例

5.2.5　齿轮

齿轮传动在机器中应用很广泛，是机械传动中的重要组成部分。它的作用是将一根轴的转矩传递给另一根轴。齿轮传动不仅能传递动力，而且可以变换转速和旋转方向。

常见的齿轮传动形式有三种：用于两平行轴之间的圆柱齿轮传动；用于两相交轴之间的圆锥齿轮传动；用于两交叉轴之间的蜗轮蜗杆传动，如图 5.70 所示。

| (a) 圆柱齿轮 | (b) 圆锥齿轮 | (c) 蜗轮与蜗杆 |

图 5.70　常见的齿轮传动

齿轮的轮齿是在专用机床上用齿轮刀具加工出来的。在工程图样中一般不需要画出轮齿的真实投影。GB/T 4459.2—2003《机械制图 齿轮表示法》规定了齿轮的画法。

本节主要介绍直齿圆柱齿轮的画法。

1. 直齿圆柱齿轮各几何要素

图 5.71 所示为直齿圆柱齿轮各部分的名称。

（1）齿顶圆直径 d_a——过齿顶面所作的圆的直径。

（2）齿根圆直径 d_f——过齿根所作的圆的直径。

（3）分度圆直径 d——齿轮上一个假想的圆柱面，轮齿的尺寸以此圆柱面为基准来确定，该圆柱与垂直于齿轮轴的平面的交线即为分度圆。它位于齿厚和齿间相等的地方。

（4）齿厚 s——每个轮齿在分度圆上的弧长。

（5）齿间 ω——两齿相邻两侧面在分度圆上的弧长，对于标准齿轮有 $\omega=s$。

（6）齿距 p——在分度圆上相邻两齿对应点之间的弧长，对于标准齿轮有 $p=s+\omega$。

（7）齿宽 b——轮齿的轴向长度。

（8）齿顶高 h_a——分度圆至齿顶圆间的径向距离。

（9）齿根高 h_f——分度圆至齿根圆间的径向距离。

（10）全齿高 h——齿顶高与齿根高之和，故 $h=h_a+h_f$。

（11）齿数 z——一个齿轮的轮齿总数。

（12）中心距 A——两齿轮轴线间的距离。

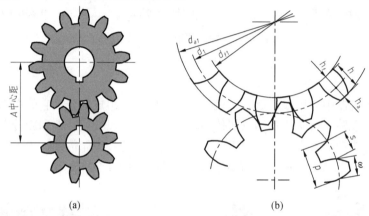

图 5.71　直齿圆柱齿轮各部分名称

2. 单个圆柱齿轮的画法

如图 5.72（a）所示，根据基本参数计算出圆柱齿轮的各几何要素后，圆柱齿轮的齿顶圆和齿顶线用粗实线绘制；分度圆和分度线用点划线绘制；齿根圆和齿根线用细实线绘制或

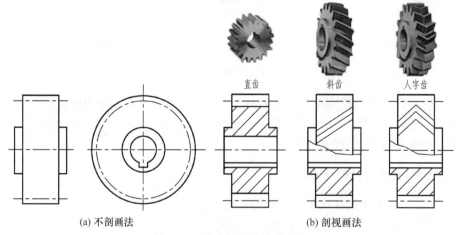

(a) 不剖画法 　　　　　　　　　　(b) 剖视画法

图 5.72　单个圆柱齿轮的画法

省略不画。如果在齿轮的非圆视图上作剖视，齿根线用粗实线绘制。国家标准规定轮齿按不剖绘制，如图 5.72（b）所示。

3. 圆柱齿轮的啮合画法

（1）剖视图画法。在平行于两齿轮轴线的投影的剖视图中，轮齿作不剖处理；在啮合区中，两齿轮的分度线重合为一条点画线；两齿轮的齿顶线，一条画成粗实线，另一条被遮挡的画成虚线；两齿轮的齿根线都画成粗实线，如图 5.73（a）所示。

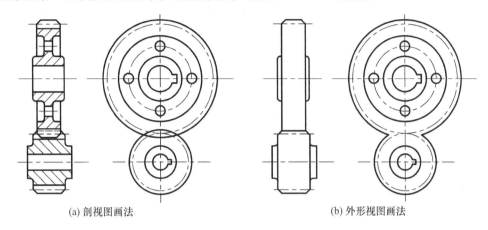

　　　　(a) 剖视图画法　　　　　　　　　　　　　　　(b) 外形视图画法

图 5.73　圆柱齿轮的啮合画法

（2）外形视图画法。在投影为圆的视图上，两分度圆应相切。在投影非圆的视图上，表现出轮齿的遮挡关系，如图 5.73（b）所示。

5.2.6　弹簧

弹簧是机器和仪表中常用的零件，它主要用于减振、夹紧、测力和储存能量等。根据其用途的不同，弹簧也分为很多种，最常用的是圆柱螺旋弹簧，按受力的不同，又可分为压缩弹簧、拉伸弹簧和扭转弹簧。另外还有蜗卷弹簧、板弹簧、片弹簧等，如图 5.74 所示。

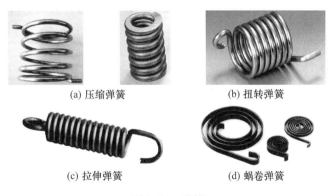

　　　　(a) 压缩弹簧　　　　　　　　　　　(b) 扭转弹簧

　　　　(c) 拉伸弹簧　　　　　　　　　　　(d) 蜗卷弹簧

图 5.74　弹簧

1. 单个弹簧的画法

按真实投影绘制弹簧很复杂，为了简化作图，GB/T 4459.4—2003《机械制图 弹簧表示法》规定了弹簧的画法。如图 5.75 所示为圆柱螺旋压缩弹簧的画法。

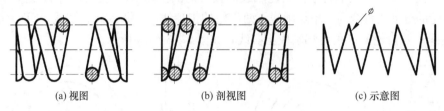

(a) 视图　　　　　　　　　(b) 剖视图　　　　　　　　(c) 示意图

图 5.75　圆柱螺旋压缩弹簧画法

2. 弹簧在装配图中的画法

（1）在装配图中，弹簧作剖视时被弹簧挡住的结构不需画出，可见部分应从弹簧的外轮廓线或从弹簧钢丝剖面的中心线画起，如图 5.76（a）所示。

（2）如果弹簧钢丝剖面的直径在图形上等于或小于 2mm 时，剖面可以涂黑表示，如图 5.76（b）所示。也可用示意图绘制，如图 5.76（c）所示。

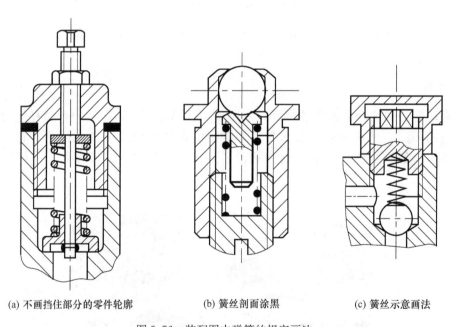

(a) 不画挡住部分的零件轮廓　　　　(b) 簧丝剖面涂黑　　　　(c) 簧丝示意画法

图 5.76　装配图中弹簧的规定画法

本 章 小 结

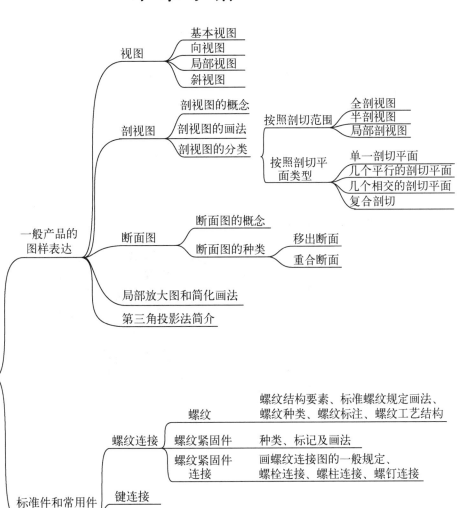

第6章 零件图与装配图

在工业生产中，工程技术人员要通过机械图样来完整和准确地表达和交流设计意图，指导工业产品的制造和装配。机械图样一般分为两类：一类是总图和部件图，统称为装配图，另一类是零件图。

6.1 零 件 图

零件是机器或工业产品的最小单元，它的结构形状主要由它在机器或部件中的功能来决定。如图 6.1 所示的机械手表由众多不同的零件组成。

图 6.1 机械手表内部

用来表达零件的结构形状、大小、材料和技术要求等设计、制造和检验信息的二维工程图样称为零件图。如图 6.2 所示为齿轮泵泵盖的零件图。

零件分为标准件、常用件和一般零件，标准件通常由标准件厂家生产，属于外购件，所以不需绘制零件图。

6.1.1 零件图的作用和内容

1. 零件图的作用

（1）零件图表达设计者的设计意图，根据零件特点，选择适当的表达方案，将零件各个部分的结构、尺寸、技术要求等表达清楚，是技术部门组织设计和生产的技术文件。

（2）零件图是制造和检验零件的技术依据。

2. 零件图的内容

（1）图形。用一组图形（包括视图、剖视图、断面图、局部放大图等）正确、完整、清晰地表达该零件的内外结构形状。

（2）合理的尺寸。用一组尺寸完整、清晰、合理地确定零件各部分结构形状的大小及其

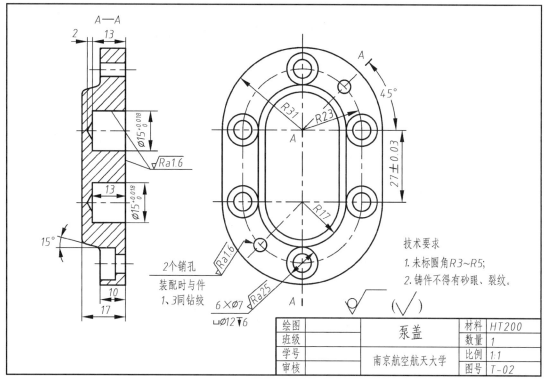

图 6.2 齿轮泵泵盖零件图

泵盖立体图

相对位置。

（3）技术要求。用一些规定的符号、数字、字母或文字标注出零件的性能和制造、检验时应达到的要求，如表面粗糙度、尺寸公差、形状位置公差、表面处理和材料热处理的要求等。

（4）标题栏。在标题栏内明确地列出零件的名称、材料、数量、比例、图样的标号等内容。

6.1.2 零件的结构分析

一般来说，零件的结构分设计结构和工艺结构。零件的设计结构取决于该零件在特定装配体中的功用及其与相邻零件的装配关系，零件的工艺结构取决于对该零件的加工和装配的要求。

1. 零件的设计结构

按照零件的使用功能进行结构分析，它们的设计结构一般由工作部分、连接部分、安装部分和支撑加强等部分组成。

工作部分是指零件的主要部分，是为实现零件的主要功能而设计的结构。安装部分是为了实现零件与其他零件的连接而设计的结构。连接部分是将工作部分与安装部分连接在一起的结构。支撑加强部分是指为了提高零件结构的强度和刚度所加的局部结构。常见设计结构有以下几种。

（1）支撑结构，如轴承孔、轴孔、支撑面等。

（2）连接结构，如螺纹孔、连接螺栓通孔、键槽、轮毂、轮辐、肋板等。

（3）定位结构，如轴肩、定位面、销钉孔等。

（4）加强结构，如肋板、加强筋等。

（5）润滑结构，如注油孔、排油孔、油标孔、储油池、集油槽等。

（6）密封结构，如密封材料、密封面、密封槽等。

（7）主要结构，每一个零件都具有与其主要功能相对应的主要结构。例如，螺栓上的螺纹结构、垫圈上比螺栓公称直径稍大的通孔、减速箱体上放置齿轮的空腔等。

2. 零件的工艺结构

零件一般由单一材料的毛坯通过不同工序加工而成。在设计零件时，为方便零件的加工和装配要求，还需添加工艺结构，如退刀槽、砂轮越程槽、圆角、倒角、凸台和凹坑等。下面介绍零件的一些常见工艺结构。

1）铸造工艺结构

（1）铸造圆角。铸件表面的相交处应设计成圆角，以便利于造型时取出木模，并防止砂型尖角处落砂和避免冷却时铸件在尖角处产生裂纹和缩孔，如图6.3所示。

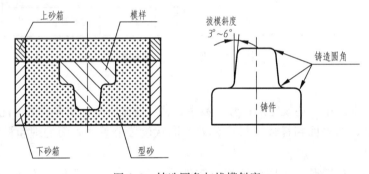

图 6.3　铸造圆角与拔模斜度

（2）拔模斜度。在铸造零件时，为了便于起模，应将零件沿拔模方向设计成一定的斜度，如图6.3所示。如无特殊要求，图上不必画出。

（3）铸件壁厚。铸件壁厚不均匀时，会因浇铸时冷却速度不同而在厚壁处产生缩孔，或在断面突变处产生裂纹。因此，设计时应使铸件壁厚均匀，或在壁厚不同处逐渐过渡，如图6.4所示。

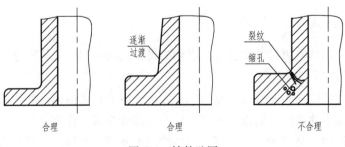

图 6.4　铸件壁厚

2）**机械加工工艺结构**

（1）倒角和倒圆。为了便于装配和操作安全，常在轴端和孔端处加工出 45°、30°或 60°的锥台，称为倒角，如图 6.5 所示。在阶梯轴（或孔）中，直径不等的两段交接处，常加工成圆环面过渡，称为倒圆，如图 6.5（b）所示。

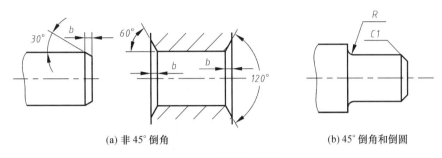

(a) 非 45° 倒角　　　　　　　　　　　(b) 45° 倒角和倒圆

图 6.5　倒角和倒圆

（2）退刀槽和越程槽。为了在车磨加工中便于退出刀具或使砂轮加工完成后退出加工位置，并且与相关零件装配时易于靠紧，常在加工部位终端预先加工出退刀槽或砂轮越程槽，如图 6.6 所示。

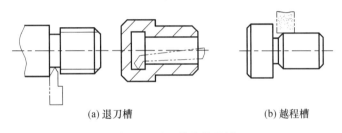

(a) 退刀槽　　　　　　　　　　　　(b) 越程槽

图 6.6　退刀槽和越程槽

（3）凸台与凹坑。零件上与其他零件接触或配合的表面一般应切削加工。为了减少加工面，保证零件接触面间良好的装配和安装质量，可在铸件上铸出凸台或凹坑，如图 6.7 所示。

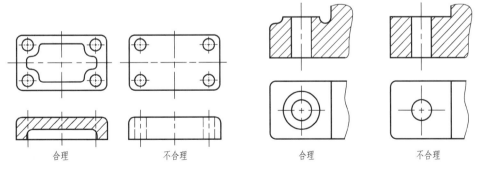

合理　　　　　不合理　　　　　　合理　　　　　不合理

图 6.7　凸台和凹坑

（4）钻孔结构。钻孔时开钻表面和钻透表面应与钻头轴线垂直，这样才能加工出位置准确的孔，并避免钻头折断，如图 6.8 所示。

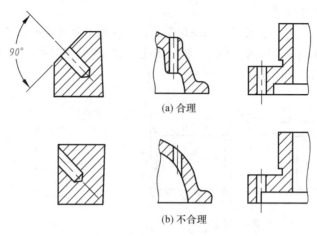

(a) 合理

(b) 不合理

图 6.8　钻孔结构

3. 零件的结构分析

如图 6.9 所示为一箱体零件。该箱体零件的主要功能是支撑轴系零件，并将其固定安装于机座上。

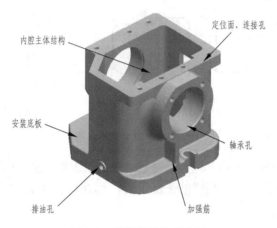

图 6.9　箱体零件结构分析

由该箱体零件分析可知，其内腔主体结构以及前后箱壁上的轴承孔，是用于容纳和支撑其他零件，属于箱体的工作部分。

安装和连接部分由以下几部分组成：为了将箱体安装在机座上，在箱体的下方设计有安装底板；为了使箱体零件与上方其他的箱盖零件相互连接，在箱体的上端面的凸缘上加工出多个螺纹连接孔；前后箱壁上轴承孔的外侧凸台上都加工有螺纹孔，可以用来连接安装其他的端盖零件。

此外，轴承孔外侧的凸台下方设计有加强筋支撑，这种结构可以起到支撑加强箱体强度和刚度的作用。箱体壁上的排油孔是润滑结构，属于局部功能结构。结构设计的同时，还要进一步考虑加工、制造时的工艺要求及其他各种相关因素。最后，才能设计完成一个内容全面、结构完整的箱体零件。

6.1.3　零件图的技术要求及尺寸标注

零件图上除了有图形和尺寸外，还必须有制造该零件时应该达到的一些精度要求，一般称为技术要求。零件图上的技术要求通常包括表面结构、尺寸公差与配合、形状公差和位置公差、材料及其热处理等内容。

1. 表面结构

任何加工方法所得到的表面，都不可能是绝对光滑的理想表面。机械零件在加工过程中，由于加工方法、加工机床与加工工具的精度、振动及磨损等因素，在加工表面上会形成实际的宏观和微观几何误差。

表面结构是评价零件表面质量的一项重要指标。它对零件的磨损、传动效率和使用寿命等会产生一系列的影响。

国家标准规定了用来反映表面微观不平的几个参数作为评定表面结构的依据。在实际应用中，轮廓算术平均偏差 Ra 是主要的评定参数，Ra 数值越小，表明零件表面越光滑。

表 6.1 所示为表面结构的符号、意义及在图样中的标注示例。

表 6.1　表面结构标注

符号	意义	标注示例
$\sqrt{}$ $\sqrt{Ra1.6}$	表示表面结构是用去除材料的方法获得。例如，车、铣、钻、磨、剪切、抛光、腐蚀、电火花加工等。Ra 的最大允许值为 1.6 μm	
$\sqrt{}$ $\sqrt{Ra25}$	表示表面结构是用不去除材料的方法获得。例如，铸、锻、冲压变形、热轧、冷轧、粉末冶金等。Ra 的最大允许值为 25 μm	
$\sqrt{Ra1.6}$ $\sqrt{Ra25}$	表示所有表面具有相同的表面结构要求	

2. 极根与配合

在实际加工、制造零件时，很难将一批零件加工成同一个尺寸。所以，通常根据使用要求的不同，设定一个允许尺寸变化的范围。合格零件的实际尺寸应在规定的上极限尺寸和下极限尺寸的范围内。

零件的公称尺寸是设计时给定的尺寸，要通过计算或者根据试验来确定。实际尺寸是通过测量零件获得的尺寸。允许实际尺寸变化的两个界限值，较大的称为上极限尺寸，较小的称为下极限尺寸。允许尺寸的变动量称为尺寸公差，即公差＝｜上极限尺寸－下极限尺寸｜。尺寸公差是一个没有符号的绝对值。有了公差就可以实现大批量生产，保证零件具有互换性，达到降低成本、提高生产效率的目的。

配合是公称尺寸相同的相互结合的轴和孔之间的关系，也泛指一切内、外表面，包括非圆表面的配合。通俗地讲，配合就是孔和轴结合时的松紧程度。

配合分为间隙配合、过渡配合和过盈配合三类。当孔的实际尺寸大于轴的实际尺寸时，叫间隙配合；当孔的实际尺寸小于轴的实际尺寸时，叫过盈配合；当孔的实际尺寸既有大于轴的实际尺寸的情况，也有等于和小于轴的实际尺寸的配合叫过渡配合。表 6.2 所示为尺寸公差与配合示例。

表 6.2　尺寸公差与配合示例

轴尺寸公差	Ø14h7	$Ø14_{-0.018}^{0}$	$Ø14h7\left(_{-0.018}^{0}\right)$
孔尺寸公差	Ø14F8	$Ø14_{+0.016}^{+0.043}$	$Ø14F8\left(_{+0.016}^{+0.043}\right)$
说明	除公称尺寸外，只注公差带代号 h7、F8。	除公称尺寸外，只注极限偏差数值，即上极限偏差、下极限偏差。	除公称尺寸外，注出公差带代号及极限偏差数值。

以 Ø14h7 为例，Ø14 为公称尺寸，尺寸公差可以通过公称尺寸 Ø14 和公差带代号 h7 在国家标准中查得。其上极限偏差为 0，下极限偏差为 −0.018mm，则上极限尺寸 = Ø(14+0) = Ø14，下极限尺寸 = Ø(14−0.018) = Ø13.982，下极限尺寸 Ø13.982 到上极限尺寸 Ø14 之间的数值区域称为公差带。以 Ø14F8 为例，根据 Ø14 和 F8 可查得其上极限偏差为 +0.043mm，下极限偏差为 +0.016mm，则其上极限尺寸为 Ø14.043mm，下极限尺寸为 Ø14.016mm。由此可知孔的尺寸一定大于轴的尺寸，所以 Ø14F8/h7 属于间隙配合。

在图样中常见的尺寸公差与配合标注形式如图 6.10 所示。

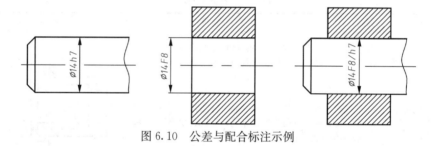

图 6.10　公差与配合标注示例

3. 形状公差和位置公差

零件在加工、制造过程中，除了会产生尺寸误差，用尺寸公差加以限制外，还会存在构成零件的各个几何要素产生的形状和相对位置误差。例如，平面不可能加工得绝对平，应该平行的两表面不可能加工得绝对平行。

对于这类形状和位置误差，也必须给出一个几何区域作为允许的误差变动范围。形状公差是指实际形状对理想形状的允许变动量；位置公差是指实际位置对理想位置的允许变动量；两者简称为形位公差。

在图样中，形位公差应采用代号标注。当无法用代号标注时，才允许在图样的技术要求中用文字说明。

如表 6.3 所示为部分常用的形位公差项目符号及标注示例。

4. 尺寸标注

标注零件尺寸时，与组合体尺寸标注要求一致，力求做到正确、完整、清晰。除此之外，还要考虑标注的合理性。所谓合理性，是指标注的尺寸既能满足设计和加工工艺的要求，又能使零件便于制造、测量和检验。

表 6.3　形位公差项目符号及标注示例

项目名称	形状公差			位置公差		
	直线度	平面度	圆度	平行度	垂直度	对称度
项目符号	—	⟋	○	//	⊥	⟆

形位公差代号和基准代号	形位公差标注图例

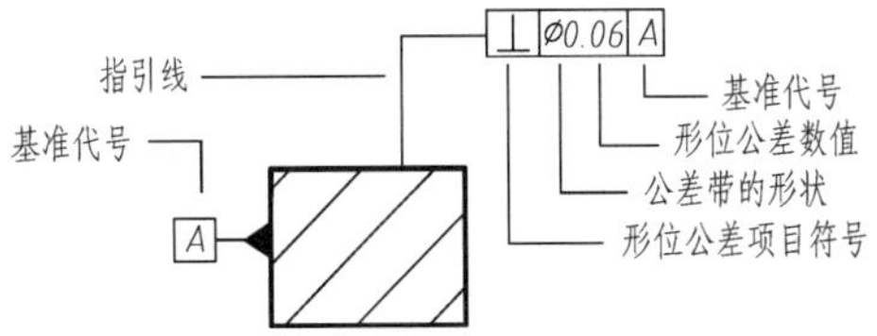

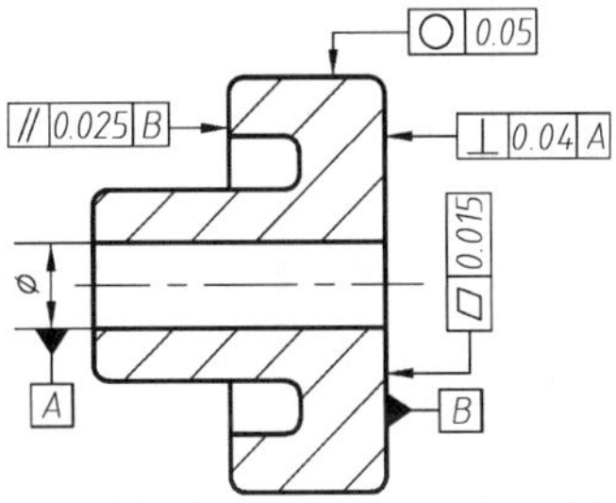

为了做到合理标注尺寸，应该对零件进行必要的结构分析和工艺分析，要求设计者具备较多的零件设计、制造工艺的理论和一定的实践经验。这样才能恰当地选择好尺寸基准和选择合理的标注形式。

6.1.4　零件图的表达方案

绘制零件图时，可以采用前面章节学过的所有的图样表达方法。视图的选择原则是，根据零件的结构特点，在正确、完整、清晰地表达零件内外结构形状及相对位置的前提下，尽可能减少视图数量，以方便画图和看图。

1. 零件图的视图选择

1）主视图的选择

在零件的视图表达中，主视图最为重要。主视图表达的合理与否，对看图和画图影响都较大。在选择主视图时应该考虑以下原则：

（1）形状特征原则。零件的主视图应能较清楚地表达该零件的结构形状及各结构形状之间的相互位置关系。

（2）加工位置原则。主视图的选择应尽可能符合零件加工时在机床上的装夹位置。主视图与加工位置一致便于看图加工。

（3）工作位置原则。除加工位置外，还应考虑零件安装在机器中工作时的位置。某些结构复杂的零件加工工序繁多，选择时可考虑工作位置。主视图与工作位置一致便于对照装配图来画图和看图。

2）其他视图的选择

在选择主视图的同时，需要兼顾其他视图的表达及图幅的合理布置。

对尚未表达清楚的主要结构形状优先选用俯视图、左视图等基本视图，并可在基本视图上采用剖视、断面等表示法，使之与主视图配合形成一个完整的视图表达方案。

2. 典型零件的表达方案

在机器或部件中，不同功能的零件各有其不同的结构形状。根据它们的结构特点及加工工艺，可以将常见的零件分成四种类型：轴套类零件、轮盘类零件、叉架类零件和箱体类零件等。

图 6.11　轴套类零件

属于同一类型的零件虽然结构形状不尽相同，但它们之间具有一些共有的特点。因此，应该先确认零件所属大类，这无论对于零件图的视图表达、尺寸标注、技术要求等的制定，还是读懂零件图都是十分重要的。

1）轴套类零件

轴类零件主要用于支撑齿轮、蜗轮、链轮、带轮等传动零件，用来传递运动和动力。套筒类零件一般是装在轴上，主要起到轴向定距和隔离的作用。

轴套类零件主体为同轴的圆柱或空心圆柱体，如各种轴、丝杆、衬套等。轴向尺寸大，径向尺寸小。通常这些零件上有螺纹、销孔、键槽、中心孔及倒角等结构，如图 6.11 所示。

轴套类零件只需要一个基本视图（主视图）进行表达。轴套类零件一般以车、磨加工为主，零件的主轴线多水平放置，所以主视图的选择按加工位置水平放置，主轴线垂直于侧面。

下面以图 6.12 所示的轴零件图为例，分析轴类零件的视图选择方案。

（1）分析。该轴的主体为实心同轴柱体，轴上有倒角、圆角、退刀槽和键槽等结构。

（2）主视图选择。按轴的加工位置，将轴线水平放置，主轴线垂直于侧面。轴左端键槽

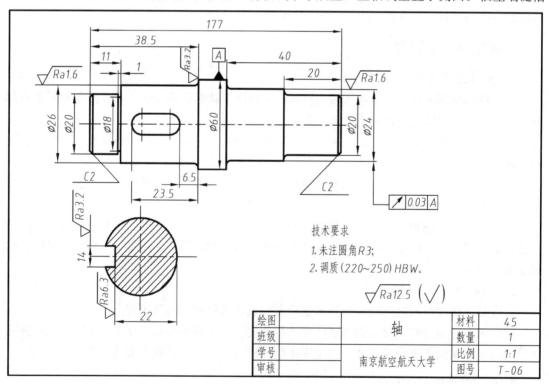

图 6.12　轴的零件图

朝前反映实形。实心轴一般不作剖视,但轴上个别的内部结构形状可以采用局部剖视。

(3)其他视图的选择。采用移出断面表达键槽的深度。

2)**轮盘类零件**

轮盘类零件包括手轮、皮带轮、链轮、齿轮、蜗轮和飞轮等。一般用键、销与轴连接,用以传递扭矩。

轮盘类零件主体部分多是回转体,径向尺寸大于轴向尺寸。一般由轮毂、轮辐和轮缘三部分组成,往往还有孔、凸台、凹坑、键槽、螺孔等结构,如图 6.13 所示。

图 6.13 轮盘类零件

轮盘类零件的主视图选择与轴套类零件类似,主要遵循加工位置原则。轮盘类零件主要是在车床上加工,所以一般情况下,零件的轴线水平放置。通常需要两个基本视图进行表达。其他结构形状,如轮辐可用移出断面或者重合断面表达。

下面以图 6.14 所示的凸轮的零件图为例,分析轮盘类零件的视图选择方案。

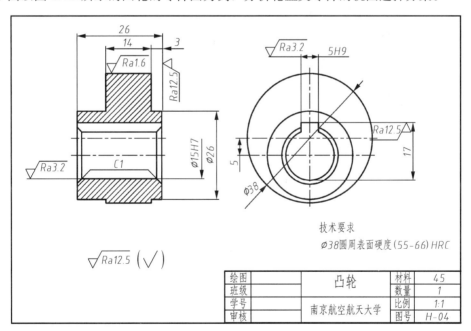

图 6.14 凸轮零件图

(1)分析。凸轮的基本结构为扁平的盘状,其上有孔和键槽结构。

(2)主视图选择。按加工位置水平放置,主轴线垂直于侧面。主视图取全剖视,以表达凸轮的内孔倒角以及键槽等内部结构。

（3）其他视图的选择。左视图取基本视图表达凸轮的外形结构、偏心状况及键槽深度等信息。

3）**叉架类零件**

叉架类零件包括各种用途的拨叉和支架。拨叉主要用在机床等各种机器的操纵机构上，操纵机器，调节速度。支架主要起支撑和连接作用。这类零件通常由支撑部分、工作部分和连接部分组成，常有弯曲或倾斜结构，如杠杆、连杆、支架、拨叉等。如图 6.15 所示为叉架类零件。

叉架类零件一般为铸件或锻件毛坯，加工位置难以分出主次，大多数形状不规则，外形结构比内腔复杂。所以主要依据它们的结构形状特征和工作位置来选择主视图。

下面以图 6.16 所示的托架的零件图为例，分析叉架类零件的视图选择方案。

图 6.15 叉架类零件

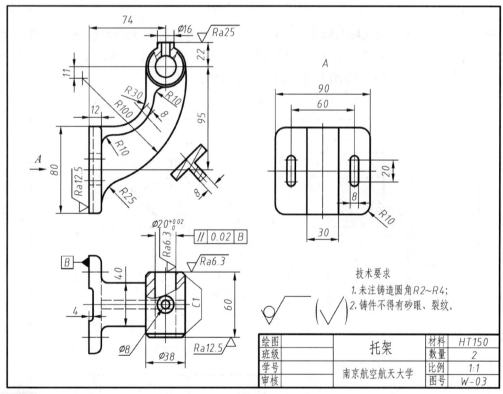

图 6.16 托架零件图

托架立体图

（1）分析。托架的一端是用于支撑运动零件的圆筒和一块 T 形弯板连接结构，另一端为一块竖板，用于将支架和其他零件固定在一起。

（2）主视图选择。按工作位置放置，参考结构形状特征选择主视图的方向。主视图反映支架各部分的相对位置，上端主要表达圆筒、凸台孔的局剖特征、T 形弯板的弯曲形状特征和 T 形断面，下端表达竖板的位置。

（3）其他视图的选择。俯视图反映支架的各部分在宽度方向的相对位置，上端取局部剖表达圆筒内形，下端表达了竖板的外形特征及其上孔的分布状况。另取 A 向局部视图主要表达竖板的实形及其上孔和凹坑的位置分布状况。

4）**箱体类零件**

箱体类零件是机器中的主要零件，起联系、支撑、包容其他零件的作用。如箱体、机座、床身、阀体、泵体等。箱体类零件常含有空腔、轴孔、内支撑壁、肋、底板、凸台、沉孔等结构，毛坯多数是铸件，内外形状比较复杂，如图 6.17 所示。

图 6.17　箱体类零件

箱体类零件一般需要三个基本视图外加辅助视图才可以将其结构表达清楚。主视图主要遵循工作位置原则，以便于设计和装配工作时看图。

下面以图 6.18 所示的泵体的零件图为例，分析箱体类零件的视图选择方案。

（1）分析。泵体的内外形状都比较复杂，均需选取恰当的视图表达。

（2）主视图选择。按工作位置放置，反映了泵体的形状特征，主视图取局部剖视，以表达泵体的主要外形和局部孔洞结构。

（3）其他视图的选择。左视图取全剖视图，表达泵体复杂的内部结构。取 B 向仰视图表达底板及其上的通孔和凹坑的形状特征。

6.1.5　读零件图

在工业生产中，设计、校核和审查图纸，以及加工制造机械零件均须读懂零件图。

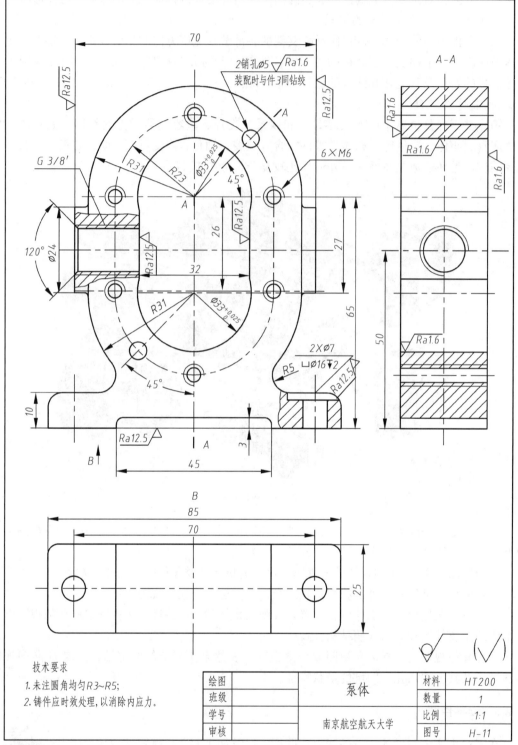

技术要求

1. 未注圆角均匀R3~R5;
2. 铸件应时效处理,以消除内应力。

绘图		泵体	材料	HT200
班级			数量	1
学号		南京航空航天大学	比例	1:1
审核			图号	H-11

图 6.18　泵体零件图

下面以图 6.19 所示的泵盖零件图为例，介绍读零件图的方法和步骤。

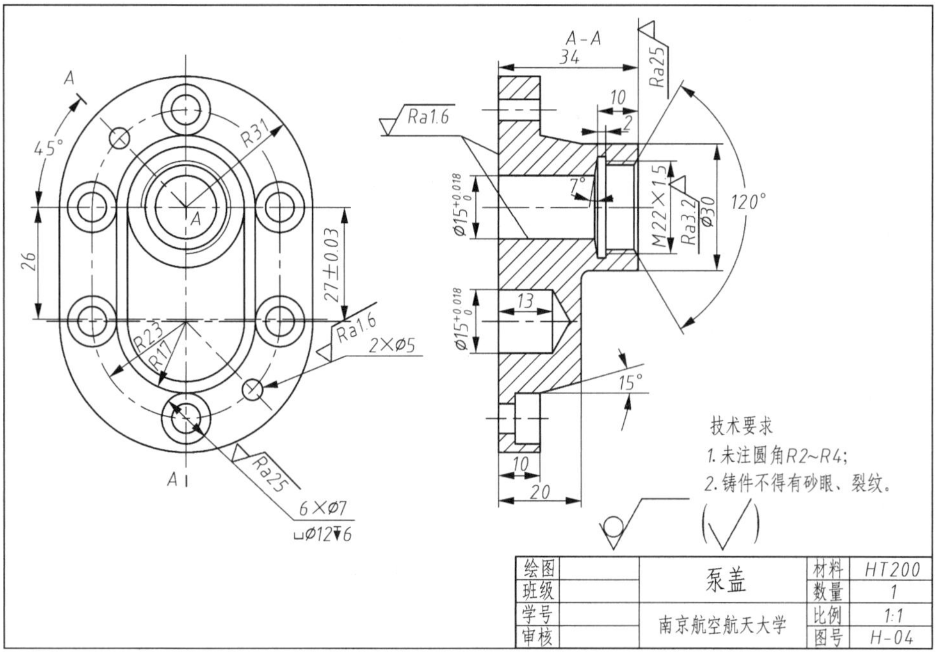

图 6.19　泵盖零件图

1. 看标题栏

从标题栏中可知零件的名称、画图比例及零件的其他信息。由材料 HT200 可知该零件是铸件，其零件结构设计应该有铸件的各种工艺结构。

2. 分析视图，想象零件形状

该零件图采用了两个基本视图来表达泵盖的结构形状。主视图是根据泵盖的形状特征和工作位置来确定的，表达了泵盖前端面的轮廓形状，并表达了剖切平面 A-A 的位置。左视图采用 A-A 全剖视图来表达泵盖中各个孔洞的内部结构。

在泵盖的外缘均布着 6 个阶梯孔和 2 个小通孔。此外还包括铸造圆角、拔模斜度等工艺结构。通过上述分析，即可想象出泵盖的结构形状。

3. 分析尺寸和技术要求

长度方向的尺寸基准为泵盖的左右对称面，高度方向的尺寸基准为主动轴孔的轴线，宽度方向的尺寸基准为泵盖的前后端面。

分析定形尺寸、定位尺寸及表面结构情况。泵盖上有轴线平行的两个公称尺寸为 ∅15 的主、从动轴孔，其功能是支持主、从动轴的轴系运动，所以两轴孔间的中心距尺寸 27 ± 0.03 为重要尺寸。由于两个孔要与轴系零件进行配合，则对其孔径要选择合适的公差尺寸 $\varnothing 15^{+0.018}_{0}$，并设定较高的表面质量，标注出其粗糙度 Ra 为 1.6 μm。

4. 综合考虑

把以上各项内容综合起来，就能得出泵盖的总体概念。

6.2 装 配 图

任何机器和工业产品都是由零件根据其性能和工作原理，按一定的装配关系和技术要求装配在一起。表达机器或产品的工作原理、各零件之间的装配关系以及主要零件的主要形状的工程图样称为装配图。

6.2.1 装配图的作用和内容

1. 装配图的作用

（1）设计阶段。一般先画出装配草图，确定机器或产品的零件布局、主要零件的主要形状、关键的布局尺寸等，然后根据该机器或产品的性能特点、装配关系和布局尺寸，详细地设计每个零件，绘制零件图。根据零件图再绘制机器或产品的装配图。

（2）制造阶段。在生产、检验产品时，根据装配图表达的装配关系，制定装配工艺流程，检验、调试和装配产品。

（3）使用和维修阶段。根据装配图，了解机器或产品的工作原理和结构性能，从而决定机器或产品的操作、保养、维修和拆装方法。

如图 6.20 所示为截止阀部件。当由各个零件装配成产品后，则无法看到其内部结构和装配连接关系。图 6.21 所示为该截止阀的一个剖视图表达，在剖视图中可以看出该产品的工作原理和各个零件之间的邻接装配关系。当转动手轮 1 时，即可带着阀芯 2 旋转，提升阀门 3 进行上下运动，即可打开或关闭水流。

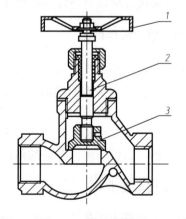

图 6.20　截止阀　　　　　　　　　图 6.21　截止阀剖视

2. 装配图的内容

图 6.22（a）所示的浮动支撑装配图，是一种浮动支撑物体的装置，靠弹簧起到浮动的功能。由图 6.22 可知，在装配图中一般包括以下内容：

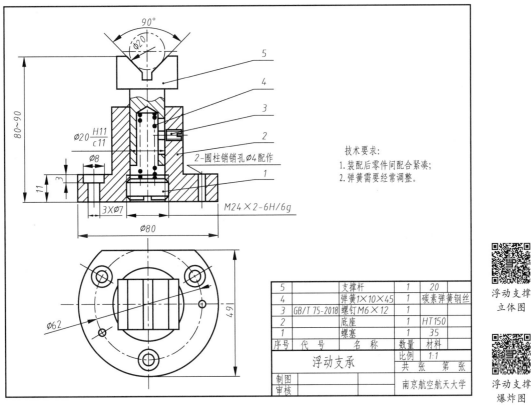

图 6.22 浮动支撑装配图

（1）图形。用一组图形，包括视图、剖视图等，完整、清晰地表达机器或部件的工作原理、各零件间的装配关系和主要零件的主要形状。

（2）几类尺寸。包括表示机器或部件性能、规格及与装配、安装有关的尺寸。

（3）技术要求。用文字或符号说明机器或部件的性能、装配和调试要求、验收条件、试验和使用规则等。

（4）零件序号、明细表及标题栏。

由于装配图的复杂程度和使用要求不同，以上各项内容并不是在所有的装配图中都要表现出来，而是要根据实际情况来决定。

6.2.2 装配图规定画法和特殊画法

机械图样的各种表示法，在表达装配体时同样适用。根据装配图表达内容的需要，还有以下规定画法和特殊表达方法。

1. 规定画法

（1）两零件的接触面和配合面只画一条线，而不接触面和非配合面需画两条线，如图 6.22 中的底座 2 与支撑杆 5 内部表面接触处只画一条线。

（2）剖视图中，为了区分不同的零件，两个相邻零件的剖面线应画成倾斜方向相反或间隔不同，如图 6.22 中主视图全剖的底座 2 与局部剖的支撑杆 5 其剖面区域的剖面线应不同。

但同一零件的剖面线在各视图中的方向和间隙应一致。当零件的厚度小于或等于 2mm 时，允许用涂黑代替剖面符号，如图 6.22 中零件 4 弹簧簧丝剖面涂黑。

（3）当剖切平面通过标准件及实心杆件（如轴、手柄、球等）的轴线时，这些零件均按不剖绘制，如图 6.22 中的全剖表达的主视图中螺塞 1 和螺钉 3 均按不剖绘制。

2. 特殊画法

（1）拆卸画法。拆卸画法就是假想拆去装配图中的某些零件，只画出所表达部分的视图。

（2）假想画法。与本部件有关但不属于本部件的相邻零（部）件，可用双点画线画出该零（部）件的轮廓。部件上某些运动零件，在图上只能画出它的一个极限位置，另一极限位置可用双点画线画出，如图 6.23 所示。

（3）夸大画法。对薄的垫片、细丝弹簧、微小间隙等，按其实际尺寸绘制不能表达清楚时，可不按比例而夸大画出。

（4）简化画法。在装配图中，零件的工艺结构，如圆角、倒角、退刀槽等允许不画。当遇到螺纹连接件等相同的零件组时，在不影响理解的前提下，允许只画一处，其余可只用点画线表示其中位置，如图 6.24 所示。

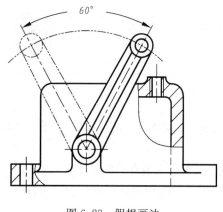

图 6.23　假想画法

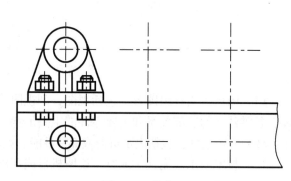

图 6.24　简化画法

6.2.3　装配图的尺寸注法

由于装配图不直接用于制造零件，所以装配图中只标注与部件装配、检验、安装、运输及使用等有关的尺寸。

（1）性能（规格）尺寸。表示机器性能的尺寸，在设计时就已确定，它是设计和使用该机器或部件的依据。

（2）装配尺寸。包括保证有关零件间配合性质的尺寸、保证零件间相对位置的尺寸、装配时进行加工的有关尺寸等。

（3）安装尺寸。机器或部件安装时所需的尺寸。

（4）外形尺寸。机器或部件外形轮廓的大小，即总长、总宽和总高。它为包装、运输和安装过程所占的空间大小提供了数据。

（5）其他重要尺寸。在设计中经计算而确定的尺寸，但又未包括在上述几类中的重要尺寸。如运动零件的极限尺寸、主体零件的重要尺寸等。

6.2.4　装配图中的编号、明细表和标题栏

为了便于读图和进行图样管理，在装配图中对所有零件（或部件）都必须编写序号，并填写标题栏和明细表。

1）零件编号

装配图中一个零件只编写一个序号，同一装配图中相同的零件一般只标注一个序号。装配图中，零件序号应与明细表中序号一致。

零件序号的注写形式如图 6.25 所示。序号注写在细实线画出的指引线的水平线上或圆内，字高比图中的尺寸数字大一号或两号。同一装配图中，编注序号的形式应一致。

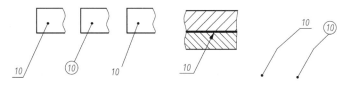

图 6.25　零件序号的注写形式

指引线从零件的可见轮廓内引出，并在末端画一小圆点。若所指部分很薄或为涂黑的断面，当不便于画圆点时，可在指引线的末端画箭头指向该部分轮廓。

两零件的指引线不能相交，当通过剖面线区域时，也不应与剖面线平行。必要时指引线可以画成折线，但只可曲折一次。

一组紧固件以及装配关系清楚的零件组，可采用公共指引线，如图 6.26所示。

零件序号应沿水平或垂直方向按顺时针或逆时针方向顺次排列整齐，并尽可能均匀分布。

图 6.26　公共指引线

2）标题栏和明细表

图样上的标题栏格式一般由各部门或企业根据本单位的情况自定。标题栏的格式国家标准未作统一规定。明细表是全部零件的详细目录。明细表画在标题栏上方，如位置不够，可在标题栏左边接着填写。明细表中零件序号编写顺序是从下往上，以便增加零件时，可以继续向上画格，如图 6.27 所示。

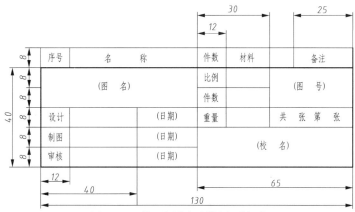

图 6.27　装配图的标题栏和明细表

6.2.5　绘制装配图的方法和步骤

在绘制装配图之前，首先，要分析装配体的用途、工作原理和其主要零件的结构形状，每种零件的数量及其在装配体中的功用，零件之间的装配关系等。其次，根据对该装配体的了解，合理运用各种图样表达画法，按照装配图应表达的内容，确定视图表达方案。

（1）图面布局。按照确定的表达方案及所画部件的大小，确定比例，选定图幅。画图框、标题栏，注意留有供编序号、绘制明细表及注写技术要求的位置。

画出各基本视图的主要基线，如轴线、对称中心线或主要端面的轮廓线等。

（2）画各视图轮廓底稿。一般先从主视图画起，几个视图配合一起画。画每个视图时，应先从主要装配关系部分画起，由内向外逐渐扩展，也可由外向内画，视画图方便而定。

（3）完成全图。编注零件序号、填写标题栏、明细表和技术要求等。

6.2.6　读装配图的方法和步骤

在装配、安装、使用和维修机器（或部件）时，经常要读懂装配图并依据装配图去指导生产。

1）概括了解

（1）了解装配体的名称和用途，可以通过调查研究、查阅明细表及说明书来获知。

（2）了解标准零部件和非标准零部件的名称及数量，对照零部件序号，在装配图中找出它们的位置。

（3）根据装配图上视图的表达情况，找出各个视图、剖视、断面等配置的位置，弄清各视图的表达重点。对部件的大体轮廓与内容有一个大概的了解。

2）了解工作原理和装配关系

对照图样研究装配体的工作原理和装配关系。分析各条装配干线，弄清各零件间相互配合的要求，以及零件间的连接、定位方式，弄清运动零件与非运动零件的相对运动关系。

3）分析零件，看懂零件的结构形状

分析零件的结构形状及其作用。一般先从主要零件着手，然后是其他零件。当零件在装配图中表达不完整时，可对有关的其他零件分析后，再进行结构分析，从而确定该零件的内外形状。

4）分析尺寸及技术要求

分析装配图上的尺寸，有助于进一步了解部件的规格，零件间的装配要求、外形大小及部件的安装方法。根据文字或符号说明的技术要求了解装配体在安装调试等环节的一些要求和规则等。

本 章 小 结

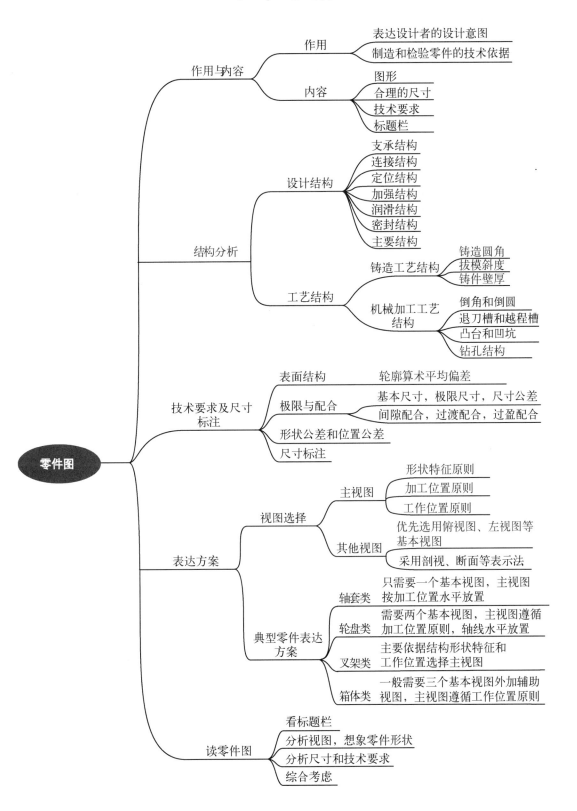

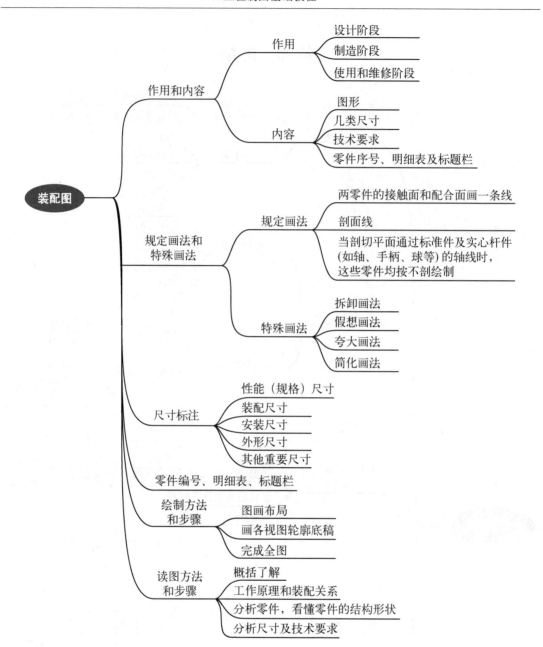

附录　制图的部分国标

附1　螺　纹

附表1　普通螺纹基本尺寸（GB/T 193—2003及GB/T 196—2003）

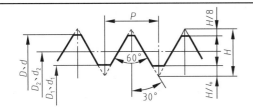

标记示例

公称直径24mm，螺距为1.5mm，右旋的

细牙普通螺纹，标记为：

M24×1.5

直径与螺距系列、基本尺寸　　　　　（单位：mm）

公称直径 D、d		螺距 P		粗牙小径 D_1、d_1	公称直径 D、d		螺距 P		粗牙小径 D_1、d_1
第一系列	第二系列	粗牙	细牙		第一系列	第二系列	粗牙	细牙	
3		0.5	0.35	2.459		27	3	2, 1.54, 1, (0.75)	23.211
	3.5	(0.6)		2.850	30		3.5	(3), 2, 1, 1.5, 1, (0.75)	26.211
4		0.7	0.5	3.242		33	3.5	(3), 2, 1, 1.5, 1, (0.75)	29.211
	4.5	(0.75)		3.688	36		4		31.670
5		0.8		4.134		39	4	3, 2, 1.5, (1)	34.670
6		1	0.75, (0.5)	4.917	42		4.5		37.129
8		1.25	1, 0.75, (0.5)	6.647		45	4.5		40.129
10		1.5	1.25, 1, 0.75, (0.5)	8.376	48		5	(4), 3, 2, 1.5, (1)	42.587
12		1.75	1.5, 1.25, 1, (0.75), (0.5)	10.106		52	5		46.587
	14	2	1.5, (1.25)*, 1, (0.75), (0.5)	11.835	56		5.5	4, 3, 2, 1.5, (1)	50.046
16		2	1.5, 1, (0.75), (0.5)	13.835		60	(5.5)	4, 3, 2, 1.5, (1)	50.046
	18	2.5	2, 1.5, 1, (0.75), (0.5)	15.294	64		6		57.505
20		2.5		17.294		68	6	4, 3, 2, 1.5, (1)	61.505
	22	2.5	1.5, 1, (0.75), (0.5)	19.294	72		6		65.505
24		3	1.5, 1, (0.75)	20.752					

注：优先选用第一系列，括号内尺寸尽可能不用。公称直径 D、d 第三系列未列入。中径 D_2、d_2 未列入。

* M14×1.25仅用于火花塞。

细牙普通螺纹螺距与小径的关系　　　　　（单位：mm）

螺距 P	小径 D_1、d_1	螺距 P	小径 D_1、d_1	螺距 P	小径 D_1、d_1
0.35	$d-1+0.621$	1	$d-2+0.917$	2	$d-3+0.835$
0.5	$d-1+0.459$	1.25	$d-2+0.647$	3	$d-4+0.752$
0.75	$d-1+0.188$	1.5	$d-2+0.376$	4	$d-5+0.670$

注：表中的小径按 $D_1 = d_1 - 2 \times \dfrac{5}{8} H$，$H = \dfrac{\sqrt{3}}{2} P$ 算出。

附2　螺纹紧固件

附表2　六角头螺栓—A和B级 (GB/T 5782—2016)
六角头螺栓—全螺纹—A和B级 (GB/T 5783—2016)

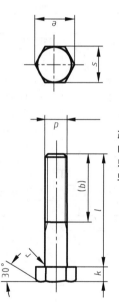

标记示例

螺纹规格 d=M12, 公称长度 l=80mm, 性能等级为8.8级, 表面氧化, A级的六角螺栓, 标记为: 螺栓 GB/T 5782 M12×80

(单位: mm)

螺纹规格 d		M3	M4	M5	M6	M8	M10	M12	M(14)	M16	M(18)	M20	M(22)	M24	M(27)	M30	M36
s		5.5	7	8	10	13	16	18	21	24	27	30	34	36	41	46	55
k		2	2.8	3.5	4	5.3	6.4	7.5	8.8	10	11.5	12.5	14	15	17	18.7	22.5
r		0.1	0.2	0.2	0.25	0.4	0.4	0.6	0.6	0.6	0.6	0.8	1	0.8	1	1	1
e	A级	6.01	7.66	8.79	11.05	14.38	17.77	20.03	23.36	26.75	30.14	33.53	37.72	39.98	45.2	50.85	—
e	B级	5.88	7.50	8.63	10.89	14.20	17.59	19.85	22.78	26.17	29.56	32.95	37.29	39.55	45.2	50.85	51.11
(b) GB/T5782	l≤125	12	14	16	18	22	26	30	34	38	42	46	50	54	60	66	—
(b) GB/T5782	125≤l≤200	18	20	22	24	28	32	36	40	44	48	52	56	60	66	72	84
(b) GB/T5782	l>200	31	33	35	37	41	45	49	53	57	61	65	69	73	79	85	97
l范围 (GB/T5782)		20~30	25~40	25~50	30~60	40~80	45~100	50~120	60~140	65~160	70~180	80~200	90~220	90~240	100~260	110~300	140~360
l范围 (GB/T5783)		6~30	8~40	10~50	12~60	16~80	20~100	25~120	30~140	30~150	35~150	40~150	45~150	50~150	55~200	60~200	70~200
l系列		6, 8, 10, 12, 16, 20, 25, 30, 35, 40, 45, 50, 55, 60, 65, 70, 80, 90, 100, 110, 120, 130, 140, 150, 160, 180, 200, 220, 240, 260, 280, 300, 320, 340, 360, 380, 400, 420, 440, 460, 480, 500																

附表3　双头螺柱

$$b_m = 1d \text{ (GB/T897—1988)}, \quad b_m = 1.25d \text{ (GB/T898—1988)}$$
$$b_m = 1.5d \text{ (GB/T899—1988)}, \quad b_m = 2d \text{ (GB/T900—1988)}$$

A型　　　　　　　　　　　　　　　　B型

标 记 示 例

两端均为粗牙普通螺纹，螺纹规格 d ＝M10，公称长度 l ＝50mm，性能等级为4.8级，不经表面处理，$b_m = 1d$，B型的双头螺柱，标记为：

螺柱 GB/T897　M10×50

旋入机体一端为粗牙普通螺纹，旋入螺母一端为螺距 P＝1mm的细牙普通螺纹，螺纹规格 d ＝ M10，公称长度 l ＝50mm，性能等级为4.8级，不经表面处理，A 型，$b_m = 1d$ 的双头螺柱，标记为：

螺柱 GB/T 897　M10×1×50

（单位：mm）

螺纹规格 d	b_m				$\dfrac{l}{b}$
	GB/T 897—1988	GB/T 898—1988	GB/T 899—1988	GB/T 900—1988	
M5	5	6	8	10	$\dfrac{16\sim20}{10}$、$\dfrac{25\sim50}{16}$
M6	6	8	10	12	$\dfrac{20}{10}$、$\dfrac{25\sim30}{14}$、$\dfrac{35\sim70}{18}$
M8	8	10	12	16	$\dfrac{20}{12}$、$\dfrac{25\sim30}{16}$、$\dfrac{35\sim90}{22}$
M10	10	12	15	20	$\dfrac{25}{14}$、$\dfrac{30\sim35}{16}$、$\dfrac{40\sim120}{26}$、$\dfrac{130}{32}$
M12	12	15	18	24	$\dfrac{25\sim30}{16}$、$\dfrac{35\sim40}{20}$、$\dfrac{45\sim120}{30}$、$\dfrac{130\sim180}{36}$
M16	16	20	24	32	$\dfrac{30\sim35}{20}$、$\dfrac{40\sim55}{30}$、$\dfrac{60\sim120}{38}$、$\dfrac{130\sim200}{44}$
M20	20	25	30	40	$\dfrac{35\sim40}{25}$、$\dfrac{45\sim60}{35}$、$\dfrac{70\sim120}{46}$、$\dfrac{130\sim200}{52}$
M24	24	30	36	48	$\dfrac{45\sim50}{30}$、$\dfrac{60\sim75}{45}$、$\dfrac{80\sim120}{54}$、$\dfrac{130\sim200}{60}$
M30	30	38	45	60	$\dfrac{60\sim75}{40}$、$\dfrac{70\sim90}{50}$、$\dfrac{95\sim120}{66}$、$\dfrac{130\sim200}{72}$、$\dfrac{210\sim250}{85}$
M36	36	45	54	72	$\dfrac{65\sim75}{45}$、$\dfrac{80\sim110}{60}$、$\dfrac{120}{78}$、$\dfrac{130\sim200}{84}$、$\dfrac{210\sim300}{97}$
l 系列	16、20、25、30、35、40、45、50、55、60、65、70、75、80、85、90、95、100、110、120、130、140、150、160、170、180、190、200、210、220、230、240、250、260、270、280、290、300				

附表 4　开槽螺钉

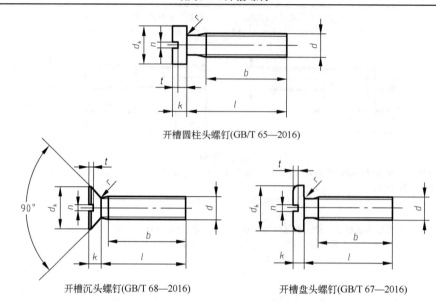

开槽圆柱头螺钉(GB/T 65—2016)

开槽沉头螺钉(GB/T 68—2016)　　　　　　　　开槽盘头螺钉(GB/T 67—2016)

标 记 示 例

螺纹规格 d＝M5，公称长度 l＝20mm，性能等级为 4.8 级，不经表面处理的开槽圆柱头螺钉，标记为：

螺钉　GB/T 65　M5×20

（单位：mm）

螺纹规格 d		M1.6	M2	M2.5	M3	M4	M5	M6	M8	M10
GB/T 65—2016	d_k					7	8.5	10	13	16
	k					2.6	3.3	3.9	5	6
	t_{min}					1.1	1.3	1.6	2	2.4
	r_{min}					0.2	0.2	0.25	0.4	0.4
	l					5～40	6～50	8～60	10～80	12～80
	全螺纹时最大长度					40	40	40	40	40
GB/T 67—2016	d_k	3.2	4	5	5.6	8	9.5	12	16	23
	k	1	1.3	1.5	1.8	2.4	3	3.6	4.8	6
	t_{min}	0.35	0.5	0.6	0.7	1	1.2	1.4	1.9	2.4
	r_{min}	0.1	0.1	0.1	0.1	0.2	0.2	0.25	0.4	0.4
	l	2～16	2.5～20	3～25	4～30	5～40	6～50	8～60	10～80	12～80
	全螺纹时最大长度	30	30	30	30	40	40	40	40	40

续表

GB/T 68—2016	d_k	3	3.8	4.7	5.5	8.4	9.3	11.3	15.8	18.3
	k	1	1.2	1.5	1.65	2.7	2.7	3.3	4.65	5
	t_{min}	0.32	0.4	0.5	0.6	1	1.1	1.2	1.8	2
	r_{min}	0.4	0.5	0.6	0.8	1	1.3	1.5	2	2.5
	l	2.5～16	3～20	4～25	5～30	6～40	8～50	8～60	10～80	12～80
	全螺纹时最大长度	30	30	30	30	45	45	45	45	45
	n	0.4	0.5	0.6	0.8	1.2	1.2	1.6	2	2.5
	b	25				38				
	l 系列	2、2.5、3、4、5、6、8、10、12、(14)、16、20、25、30、35、40、45、50、(55)、60、(65)、70、(75)、80								

附表 5　内六角圆柱头螺钉（GB/T 70.1—2008）

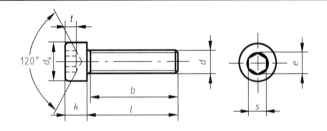

标 记 示 例

螺纹规格 $d=$ M5，公称长度 $l=20$mm，性能等级为 8.8 级，表面氧化的内六角圆柱头螺钉，标记为：

螺钉 GB/T 70.1　M5×20

（单位：mm）

螺纹规格 d	M2.5	M3	M4	M5	M6	M8	M10	M12	M14	M16	M20	M24	M30	M36
$d_{k\ max}$	4.5	5.5	7	8.5	10	13	16	18	21	24	30	36	45	54
k_{max}	2.5	3	4	5	6	8	10	12	14	16	20	24	30	36
t_{max}	1.1	1.3	2	2.5	3	4	5	6	7	8	10	12	15.5	19
r	0.1		0.2		0.25	0.4		0.6			0.8		1	
s	2	2.5	3	4	5	6	8	10	12	14	17	19	22	27
e	2.3	2.87	3.44	4.58	5.72	6.86	9.15	11.43	13.72	16	19.44	21.73	25.15	30.85
b（参考）	17	18	20	22	24	28	32	36	40	44	52	60	72	84
l 系列	2.5、3、4、5、6、8、10、12、(14)、(16)、20、25、30、35、40、45、50、(55)、60、(65)、70、80、90、100、120、130、140、150、160、180、200													

注：（1）b 不包括螺尾。（2）M3～M20 为商品规格，其他为通用规格。

附表 6　开槽紧定螺钉

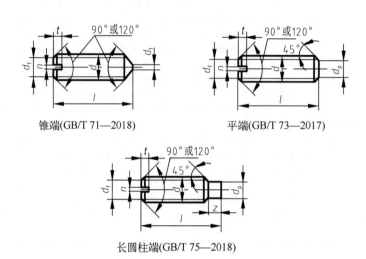

锥端(GB/T 71—2018)　　　　平端(GB/T 73—2017)

长圆柱端(GB/T 75—2018)

标 记 示 例

螺纹规格 d＝M5，公称长度 l＝12mm，性能等级为 14H 级，表面氧化的开槽锥端紧定螺钉，标记为：

螺钉 GB/T 71　M5×12

（单位：mm）

螺纹规格 d	M2	M2.5	M3	M4	M5	M6	M8	M10	M12
d_f	螺纹小径								
d_t	0.2	0.25	0.3	0.4	0.5	1.5	2	2.5	3
d_p	1	1.5	2	2.5	3.5	4	5.5	7	8.5
n	0.25	0.4	0.4	0.6	0.8	1	1.2	1.6	2
t	0.84	0.95	1.05	1.42	1.63	2	2.5	3	3.6
z	1.25	1.5	1.75	2.25	2.75	3.25	4.3	5.3	6.3
l 系列	2，2.5，3，4，5，6，8，10，12，(14)，16，20，25，30，35，40，45，50，(55)，60								

附表 7　Ⅰ型六角螺母—C 级（GB/T 41—2016）、**Ⅰ型六角螺母**（GB/T 6170—2015）、
六角薄螺母（GB/T 6172.1—2016）

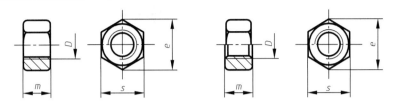

标 记 示 例

螺纹规格 D＝M12，性能等级为 5 级，不经表面处理，C 级的Ⅰ型六角螺母，标记为：

螺母　GB/T 41　M12

（单位：mm）

螺纹规格 D		M3	M4	M5	M6	M8	M10	M12	M14	M16
e_{min}	GB/T 41	—	—	8.63	10.89	14.20	17.59	19.85	22.78	26.17
	GB/T 6170	6.01	7.66	8.79	11.05	14.38	17.77	20.03	23.36	26.75
	GB/T 6172.1									
s		5.5	7	8	10	13	16	18	21	24
m_{max}	GB/T 6172.1	2.4	3.2	4.7	5.2	6.8	8.4	10.8	12.8	14.8
	GB/T 6170	1.8	2.2	2.7	3.2	4	5	6	7	8
	GB/T 41			5.6	6.4	7.9	9.5	12.2	13.9	15.9
螺纹规格 D		M18	M20	M22	M24	M27	M30	M36	M42	M48
e_{min}	GB/T 41	29.56	32.95	37.29	39.55	45.2	50.85	60.79	71.3	82.6
	GB/T 6170	29.56	32.95	37.29	39.55	45.2	50.85	60.75	71.3	82.6
	GB/T 6172.1									
s		27	30	34	36	41	46	55	65	75
m_{max}	GB/T 6172.1	15.8	18	19.4	21.5	23.8	25.6	31	34	38
	GB/T 6170	9	10	11	12	13.5	15	18	21	24
	GB/T 41	16.9	19	20.2	22.3	24.7	26.4	31.5	34.9	38.9

注：A 级用于 $D \leqslant 16$ 的螺母；B 级用于 $D > 16$ 的螺母。

附表 8　Ⅰ型六角开槽螺母—A 和 B 级（GB/T 6178—1986）

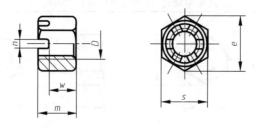

标　记　示　例

螺纹规格 D＝M5，性能等级为 8 级，不经表面处理，A 级的Ⅰ型六角开槽螺母，标记为：

螺母　GB/T 6178　M5

（单位：mm）

螺纹规格 D	M4	M5	M6	M8	M10	M12	M14	M16	M20	M24	M30
e	7.7	8.8	11	14	17.8	20	23	26.8	33	39.6	50.9
m	6	6.7	7.7	9.8	12.4	15.8	17.8	20.8	24	29.5	34.6
n	1.2	1.4	2	2.5	2.8	3.5	3.5	4.5	4.5	5.5	7
s	7	8	10	13	16	18	21	24	30	36	46
w	3.2	4.7	5.2	6.8	8.4	10.8	12.8	14.8	18	21.5	25.6
开口销	1×10	1.2×12	1.6×14	2×16	2.5×20	3.2×22	3.2×25	4×28	4×36	5×40	6.3×50

注：A 级用于 $D \leqslant 16$ 的螺母；B 级用于 $D > 16$ 的螺母。

附表 9　平垫圈—A 级（GB/T 97.1—2002）、平垫圈倒角型—A 级（GB/T 97.2—2002）

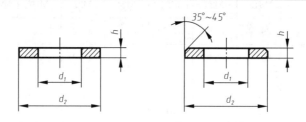

标　记　示　例

标准系列，公称尺寸 d＝8mm，性能等级为 140HV 级，不经表面处理的平垫圈：

垫圈　GB/T 97.1　8－140HV

（单位：mm）

规格（螺纹直径）	2	2.5	3	4	5	6	8	10	12	14	16	20	24	30
内径 d_1	2.2	2.7	3.2	4.3	5.3	6.4	8.4	10.5	13	15	17	21	25	31
外径 d_2	5	6	7	9	10	12	16	20	24	28	30	37	44	56
厚度 h	0.3	0.5	0.5	0.8	1	1.6	1.6	2	2.5	3	3	3	4	4

附表 10　标准型弹簧垫圈（GB/T 93—1987）、**轻型弹簧垫圈**（GB/T 859—1987）

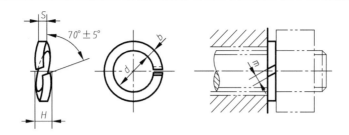

标 记 示 例

公称直径 16mm，材料为 65Mn，表面氧化的标准型弹簧垫圈，标记为：

垫圈　GB/T 93　16

（单位：mm）

规格（螺纹直径）		2	2.5	3	4	5	6	8	10
d		2.1	2.6	3.1	4.1	5.1	6.2	8.2	10.2
H	GB/T 93—1987	1.2	1.6	2	2.4	3.2	4	5	6
	GB/T 859—1987	1	1.2	1.6	1.6	2	2.4	3.2	4
$S(b)$	GB/T 93—1987	0.6	0.8	1	1.2	1.6	2	2.5	3
S	GB/T 859—1987	0.5	0.6	0.8	0.8	1	1.2	1.6	2
$m \leqslant$	GB/T 93—1987	0.4		0.5	0.6	0.8	1	1.2	1.5
	GB/T 859—1987	0.3		0.4		0.5	0.6	0.8	1
b	GB/T 859—1987	0.8		1	1.2		1.6	2	2.5

规格（螺纹直径）		12	16	20	24	30	36	42	48
d		12.3	16.3	20.5	24.5	30.5	36.6	42.6	49
H	GB/T 93—1987	7	8	10	12	13	14	16	18
	GB/T 859—1987	5	6.4	8	9.6	12			
$S(b)$	GB/T 93—1987	3.5	4	5	6	6.5	7	8	9
S	GB/T 859—1987	2.5	3.2	4	4.8	6			
$m \leqslant$	GB/T 93—1987	1.7	2	2.5	3	3.2	3.5	4	4.5
	GB/T 859—1987	1.2	1.6	2	2.4	3			
b	GB/T 859—1987	3.5	4.5	5.5	6.5	8			

附 3 键

附表 11　普通型平键及键槽尺寸（GB/T 1095—2003，GB/T 1096—2003）

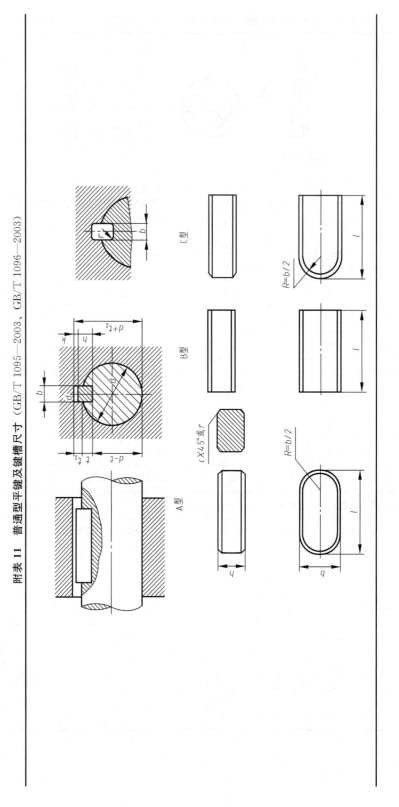

续表

（单位：mm）

轴 公称直径 d	键 公称尺寸 $b×h$	键 公称尺寸 l	键 e 或 r	键槽 宽度 b（偏差）较松键连接 轴 H9	较松键连接 毂 D10	一般键连接 轴 N9	一般键连接 毂 Js9	较紧键连接 轴或毂 P9	键槽 深度 轴 t 公称	轴 t 偏差	毂 t_1 公称	毂 t_1 偏差	半径 r 最小	半径 r 最大
自6~8	2×2	6~20	0.16~0.25	+0.025 / 0	+0.060 / +0.020	-0.004 / -0.029	±0.0125	-0.006 / -0.031	1.2	+0.10	1	+0.10	0.08	0.16
>8~10	3×3	6~36							1.8		1.4			
>10~12	4×4	8~45	0.25~0.4	+0.030 / 0	+0.078 / +0.030	0 / -0.030	±0.015	-0.012 / -0.042	2.5		1.8		0.16	0.25
>12~17	5×5	10~56							3.0		2.3			
>17~22	6×6	14~70							3.5		2.8			
>22~30	8×7	18~90	0.4~0.6	+0.036 / 0	+0.098 / 0.040	0 / -0.036	±0.018	-0.015 / -0.051	4.0	+0.20	3.3	+0.20	0.25	0.40
>30~38	10×8	22~110							5.0		3.3			
>38~44	12×8	28~140							5.0		3.3			
>44~50	14×9	36~160		+0.043 / 0	+0.120 / +0.050	0 / -0.043	±0.0215	-0.018 / -0.061	5.5		3.8			
>50~58	16×10	45~180							6.0		4.3			
>58~65	18×11	50~200							7.0		4.4			
>65~75	20×12	56~220	0.6~0.8	+0.052 / 0	0 / -0.052	0 / -0.052	±0.026	-0.022 / -0.074	7.5		4.9		0.40	0.60
>75~85	22×14	68~250							9.0		5.4			
>85~95	25×14	70~280							9.0		5.4			
>95~110	28×16	80~320							10.0		6.4			

注：(1) 在工作图中，轴槽深用 $(d-t)$ 或 t 标注，轮毂槽深用 $(d+t_1)$ 标注。这两组尺寸的偏差按相应的 t 和 t_1 的偏差选取，$(d-t)$ 的偏差值应取负号 (-)。
(2) 键的极限偏差键宽 (b) 用 h9。高 (h) 用 h9。长 (l) 用 h11。平键的轴槽长度公差用 H14。
(3) 长度 (l) 系列为 6、8、10、12、14、16、18、20、22、25、28、32、36、40、45、50、56、68、70、80、90、100、110、125、140、160、180、200、220、225、280、320、360、400、450、500。

附4　销

附表 12　圆柱销、不淬硬钢和奥氏体不锈钢（GB/T 119.1—2000）

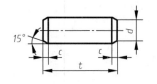

标 记 示 例

公称直径 d＝8mm，公差为 m6，长度 l＝30mm，材料 35 钢，不经淬火，不经表面处理的圆柱销，标记为：

销　GB/T 119.1　8m6×30

（单位：mm）

d	1	1.2	1.5	2	2.5	3	4	5	6	8	10	12
$a≈$	0.12	0.16	0.20	0.25	0.30	0.40	0.50	0.63	0.80	1.0	1.2	1.6
$c≈$	0.20	0.25	0.30	0.35	0.40	0.50	0.63	0.80	1.2	1.6	2	2.5
l 系列	2，3，4，5，6，8，10，12，14，16，18，22，24，26，28，30，32，35，40，45，50，55，60，65，70，75，80，85，90											

附表 13　圆锥销（GB/T 117—2000）

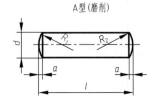

A型（磨削）　　　　　　　　B型（车削）

标 记 示 例

公称直径 d＝10mm，长度 l＝60mm，材料 35 钢，热处理硬度28～38HRC，表面氧化处理的 A 型圆锥销，标记为：

销　GB/T 117　10×60

$$R_1＝d;\ R_2≈\frac{a}{2}+d+\frac{(0.021)^2}{8a}$$

（单位：mm）

d	1	1.2	1.5	2	2.5	3	4	5	6	8	10	12
$a≈$	0.12	0.16	0.2	0.25	0.3	0.4	0.5	0.63	0.8	1.0	1.2	1.6
l 系列	2，3，4，5，6，8，10，12，14，16，18，22，24，26，28，30，32，35，40，45，50，55，60，65，70，75，80，85，90											

附表 14　开口销（GB/T 91—2000）

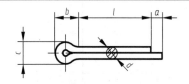

标 记 示 例

公称直径 d＝5mm，长度 l＝50mm，材料为 Q215 或 Q235，不经表面处理的开口销，标记为：

销　GB/T 91　5×50

（单位：mm）

d		1	1.2	1.6	2	2.5	3.2	4	5	6.3	8	10	12
c	max	1.8	2	2.8	3.6	4.6	5.8	7.4	9.2	11.8	15	19	24.8
	min	1.6	1.7	2.4	3.2	4	5.1	6.5	8	10.3	13.1	16.6	21.7
$b≈$		3	3	3.2	4	5	6.4	8	10	12.6	16	20	26
a_{max}		1.6		2.5			3.2		4			6.3	
l 系列		2，3，4，5，6，8，10，12，14，16，18，20，22，24，26，28，30，32，35，40，45，50，55，60，65，70，75，80，85，90											

附 5　滚动轴承

附表 15　深沟球轴承（GB/T 276—2013）

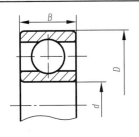

6000 型

标 记 示 例

滚动轴承　6012　GB/T 276—2013

（单位：mm）

轴承代号	d	D	B	轴承代号	d	D	B
01 系列				03 系列			
606	6	17	6	634	4	16	5
607	7	19	6	635	5	19	6
608	8	22	7	6300	11	35	11
609	9	24	7	6301	12	37	12
6000	10	26	8	6302	15	42	13
6001	12	28	8	6303	17	47	14
6002	15	32	9	6304	20	52	15
6003	17	35	10	6305	25	62	17
6004	20	42	12	6306	30	72	19
6005	25	47	12	6307	35	80	21
6006	30	55	13	6308	40	90	23
6007	35	62	14	6309	45	100	25
6008	40	68	15	6310	50	110	27
6009	45	75	16	6311	55	120	29
6010	50	80	16	6312	60	130	31
6011	55	90	18				
6012	60	95	18				
02 系列				04 系列			
623	3	10	4	6403	17	62	17
624	4	13	5	6404	20	72	19
625	5	16	5	6405	25	80	21
626	6	19	6	6406	30	90	23
627	7	22	7	6407	35	100	25
628	8	24	8	6408	40	110	27
629	9	26	8	6409	45	120	29
6200	10	30	9	6410	50	130	31
6201	12	32	10	6411	55	140	33
6202	15	35	11	6412	60	150	35
6203	17	40	12	6413	65	160	37
6204	20	47	14	6414	70	180	42
6205	25	52	15	6415	75	190	45
6206	30	62	16	6416	80	200	48
6207	35	72	17	6417	85	210	52
6208	40	80	18	6418	90	225	54
6209	45	85	19	6419	95	240	55
6210	50	90	20				
6211	55	100	21				
6212	60	110	22				

附表 16　圆锥滚子轴承（GB/T 297—2015）

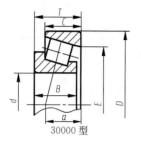

30000 型

标 记 示 例

滚动轴承　30204　GB/T 297—2015

（单位：mm）

轴承代号	d	D	T	B	C	E	a	轴承代号	d	D	T	B	C	E	a
02 系列								22 系列							
30204	20	47	15.25	14	12	37.3	11.2	32206	30	62	21.25	20	17	48.9	15.4
30205	25	52	16.25	15	13	41.1	12.6	32207	35	72	24.25	23	19	57	17.6
30206	30	62	17.25	16	14	49.9	13.8	32208	40	80	24.75	23	19	64.7	19
30207	35	72	18.25	17	15	58.8	15.3	32209	45	85	24.75	23	19	69.6	20
30208	40	80	19.75	18	16	65.7	16.9	32210	50	90	24.75	23	19	74.2	21
30209	45	85	20.75	19	16	70.4	18.6	32211	55	100	26.75	25	21	82.8	22.5
30210	50	90	21.75	20	17	75	20	32212	60	110	29.75	28	24	90.2	24.9
30211	55	100	22.75	21	18	84.1	21	32213	65	120	32.75	31	27	99.4	27.2
30212	60	110	23.75	22	19	91.8	22.4	32214	70	125	33.25	31	27	103.7	28.6
30213	65	120	24.75	23	20	101.9	24	32215	75	130	33.25	31	27	108.9	30.2
30214	70	125	26.25	24	21	105.7	25.9	32216	80	140	35.25	33	28	117.4	31.3
30215	75	130	27.25	25	22	110.4	27.4	32217	85	150	38.5	36	30	124.9	34
30216	80	140	28.25	26	22	119.1	28	32218	90	160	42.5	40	34	132.6	36.7
30217	85	150	30.5	28	24	126.6	29.9	32219	95	170	45.5	43	37	140.2	39
30218	90	160	32.5	30	26	134.9	32.4	32220	100	180	49	46	39	148.1	41.8
30219	95	170	34.5	32	27	143.3	35.1								
30220	100	180	37	34	29	151.3	36.5								
03 系列								23 系列							
30304	20	52	16.25	15	13	41.3	11	32304	20	52	22.25	21	18	39.5	13.4
30305	25	62	18.25	17	15	50.6	13	32305	25	62	25.25	24	20	48.6	15.5
30306	30	72	20.75	19	16	58.2	15	32306	30	72	28.75	27	23	55.7	18.8
30307	35	80	22.75	21	18	65.7	17	32307	35	80	32.75	31	25	62.8	20.5
30308	40	90	25.25	23	20	72.7	19.5	32308	40	90	35.25	33	27	69.2	23.4
30309	45	100	27.75	25	22	81.7	21.5	32309	45	100	38.25	36	31	78.3	25.6
30310	50	110	29.25	27	23	90.6	23	32310	50	110	42.25	40	33	86.2	28
30311	55	120	31.5	29	25	99.1	25	32311	55	120	45.5	43	35	94.3	30.6
30312	60	130	33.5	31	26	107.7	26.5	32312	60	130	48.5	46	37	102.9	32
30313	65	140	36	33	28	116.8	29	32313	65	140	51	48	39	111.7	34
30314	70	150	38	35	30	125.2	30.6	32314	70	150	54	51	40	119.7	36.5
30315	75	160	40	37	31	134	32	32315	75	160	58	55	42	127.8	39
30316	80	170	42.5	39	33	143.1	34	32316	80	170	61.5	58	45	136.5	42
30317	85	180	44.5	41	34	150.4	36	32317	85	180	63.5	60	48	144.2	43.6
30318	90	190	46.5	43	36	159	37.5	32318	90	190	67.5	64	49	151.7	46
30319	95	200	49.5	45	38	165.8	40	32319	95	200	71.5	67	53	160.3	49
30320	100	215	51.5	47	39	178.5	42	32320	100	215	77.5	73	55	171.6	53

附表 17　单向平底推力球轴承（GB/T 301—2015）

标 记 示 例

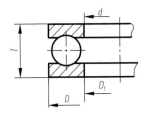

滚动轴承　51214　GB/T 301—2015

50000 型

（单位：mm）

轴承代号	d	D_1	D	T	轴承代号	d	D_1	D	T
11 系列					12 系列				
51100	10	11	24	9	51214	70	72	105	27
51101	12	13	26	9	51215	75	77	110	27
51102	15	16	28	9	51216	80	82	115	28
51103	17	18	30	9	51217	85	88	125	31
51104	20	21	35	10	51218	90	93	135	35
51105	25	26	42	11	51219	100	103	150	38
51106	30	32	47	11	13 系列				
51107	35	37	52	12	51304	20	22	47	18
51108	40	42	60	13	51305	25	27	52	18
51109	45	47	65	14	51306	30	32	60	21
51110	50	52	70	14	51307	35	37	68	24
51111	55	57	78	16	51308	40	42	78	26
51112	60	82	85	17	51309	45	47	85	28
51113	65	65	90	18	51310	50	52	95	31
51114	70	72	95	18	51311	55	57	105	35
51115	75	77	100	19	51312	60	62	110	35
51116	80	82	105	19	51313	65	67	115	36
51117	85	87	110	19	51314	70	72	125	40
51118	90	92	120	22	51315	75	77	135	44
51120	100	102	135	25	51316	80	82	140	44
12 系列					51317	85	88	150	49
51200	10	12	26	11	14 系列				
51201	12	14	28	11	51405	25	27	60	24
51202	15	17	32	12	51406	30	32	70	28
51203	17	19	35	12	51407	35	37	80	32
51204	20	22	40	14	51408	40	42	90	36
51205	25	27	47	15	51409	45	47	100	39
51206	30	32	52	16	51410	50	52	110	43
51207	35	37	62	18	51411	55	57	120	48
51208	40	42	68	19	51412	60	62	130	51
51209	45	47	73	20	51413	65	68	140	56
51210	50	52	78	22	51414	70	73	150	60
51211	55	57	90	25	51415	75	78	160	65
51212	60	62	95	26	51416	80	83	170	68
51213	65	67	100	27	51417	85	88	180	72

附6　公差与配合

附表18　标准公差数值（GB/T 1800.2—2020）

公称尺寸/mm		标准公差等级																
		IT1	IT2	IT3	IT4	IT5	IT6	IT7	IT8	IT9	IT10	IT11	IT12	IT13	IT14	IT15	IT16	IT17	IT18
大于	至	μm											mm						
—	3	0.8	1.2	2	3	4	6	10	14	25	40	60	0.1	0.14	0.25	0.4	0.6	1	1.4
3	6	1	1.5	2.5	4	5	8	12	18	30	48	75	0.12	0.18	0.3	0.48	0.75	1.2	1.8
6	10	1	1.5	2.5	4	6	9	15	22	36	58	90	0.15	0.22	0.36	0.58	0.9	1.5	2.2
10	18	1.2	2	3	5	8	11	18	27	43	70	110	0.18	0.27	0.43	0.7	1.1	1.8	2.7
18	30	1.5	2.5	4	6	9	13	21	33	52	84	130	0.21	0.33	0.52	0.84	1.3	2.1	3.3
30	50	1.5	2.5	4	7	11	16	25	39	62	100	160	0.25	0.39	0.62	1	1.6	2.5	3.9
50	80	2	3	5	8	13	19	30	46	74	120	190	0.3	0.46	0.74	1.2	1.9	3	4.6
80	120	2.5	4	6	10	15	22	35	54	87	140	220	0.35	0.54	0.87	1.4	2.2	3.5	5.4
120	180	3.5	5	8	12	18	25	40	63	100	160	250	0.4	0.63	1	1.6	2.5	4	6.3
180	250	4.5	7	10	14	20	29	46	72	115	185	290	0.46	0.72	1.15	1.85	2.9	4.6	7.2
250	315	6	8	12	16	23	32	52	81	130	210	320	0.52	0.81	1.3	2.1	3.2	5.2	8.1
315	400	7	9	13	18	25	36	57	89	140	230	360	0.57	0.89	1.4	2.3	3.6	5.7	8.9
400	500	8	10	15	20	27	40	63	97	155	250	400	0.63	0.97	1.55	2.5	4	6.3	9.7
500	630	9	11	16	22	32	44	70	110	175	280	440	0.7	1.1	1.75	2.8	4.4	7	11
630	800	10	13	18	25	36	50	80	125	200	320	500	0.8	1.25	2	3.2	5	8	12.5
800	1000	11	15	21	28	40	56	90	140	230	360	560	0.9	1.4	2.3	3.6	5.6	9	14
1000	1250	13	18	24	33	47	66	105	165	260	420	660	1.05	1.65	2.6	4.2	6.6	10.5	16.5
1250	1600	15	21	29	39	55	78	125	195	310	500	780	1.25	1.95	3.1	5	7.8	12.5	19.5
1600	2000	18	25	35	46	65	92	150	230	370	600	920	1.5	2.3	3.7	6	9.2	15	23
2000	2500	22	30	41	55	78	110	175	280	440	700	1100	1.75	2.8	4.4	7	11	17.5	28
2500	3150	26	36	50	68	96	135	210	330	540	860	1350	2.1	3.3	5.4	8.6	13.5	21	33

注：（1）公称尺寸大于500mm的IT1至IT5的标准公差数值为试行的。

（2）公称尺寸小于或等于1mm时，无IT14至IT18。

附表 19 轴的基本偏差数值（GB/T 1800.2—2020）　　　（单位：μm）

公称尺寸/mm		上极限偏差 ei											下极限偏差 ei				
		所有标准公差等级											IT5和IT6	IT7	IT8	IT4至IT7	≤IT3 >IT7
大于	至	a	b	c	cd	d	e	ef	f	fg	g	h	js	j			k
—	3	−270	−140	−60	−34	−20	−14	−10	−6	−4	−2	0		−2	−4	−6	0	0
3	6	−270	−140	−70	−46	−30	−20	−14	−10	−6	−4	0		−2	−4		+1	0
6	10	−280	−150	−80	−56	−40	−25	−18	−13	−8	−5	0		−2	−5		+1	0
10	14	−290	−150	−95		−50	−32		−16		−6	0		−3	−6		+1	0
14	18																	
18	24	−300	−160	−110		−65	−40		−20		−7	0		−4	−8		+2	0
24	30																	
30	40	−310	−170	−120		−80	−50		−25		−9	0	偏差 $=\pm\dfrac{\mathrm{IT}n}{2}$	−5	−10		+2	0
40	50	−320	−180	−130														
50	65	−340	−190	−140		−100	−60		−30		−10	0		−7	−12		+2	0
65	80	−360	−200	−150														
80	100	−380	−220	−170		−120	−72		−36		−12	0		−9	−15		+3	0
100	120	−410	−240	−180														
120	140	−460	−260	−200		−145	−85		−43		−14	0		−11	−18		+3	0
140	160	−520	−280	−210														
160	180	−580	−310	−230														
180	200	−660	−340	−240		−170	−100		−50		−15	0		−13	−21		+4	0
200	225	−740	−380	−260														
225	250	−820	−420	−280														
250	280	−920	−480	−300		−190	−110		−56		−17	0		−16	−26		+4	0
280	315	−1050	−540	−330														
315	355	−1200	−600	−360		−210	−125		−62		−18	0		−18	−28		+4	0
355	400	−1350	−680	−400														
400	450	−1500	−760	−440		−230	−135		−68		−20	0		−20	−32		+5	0
450	500	−1650	−840	−480														

公称尺寸 /mm		下极限偏差 ei													
		所有标准公差等级													
大于	至	m	n	p	r	s	t	u	v	x	y	z	za	zb	zc
—	3	+2	+4	+6	+10	+14		+18		+20		+26	+32	+40	+60
3	6	+4	+8	+12	+15	+19		+23		+28		+35	+42	+50	+80
6	10	+6	+10	+15	+19	+23		+28		+34		+42	+52	+67	+97
10	14	+7	+12	+18	+23	+28		+33		+40		+50	+64	+90	+130
14	18								+39	+45		+60	+77	+108	+150
18	24	+8	+15	+22	+28	+35		+41	+47	+54	+63	+73	+98	+136	+188
24	30						+41	+48	+55	+64	+75	+88	+118	+160	+218
30	40	+9	+17	+26	+34	+43	+48	+60	+68	+80	+94	+112	+148	+200	+274
40	50						+54	+70	+81	+97	+114	+136	+180	+242	+325
50	65	+11	+20	+32	+41	+53	+66	+87	+102	+122	+14	+172	+226	+300	+405
65	80				+43	+59	+75	+102	+120	+146	+174	+210	+274	+360	+480
80	100	+13	+23	+37	+51	+71	+91	+124	+146	+178	+214	+258	+335	+445	+585
100	120				+54	+79	+104	+144	+172	+210	+254	+310	+400	+525	+690
120	140	+15	+27	+43	+63	+92	+122	+170	+202	+248	+300	+365	+470	+620	+800
140	160				+65	+100	+134	+190	+228	+280	+340	+415	+535	+700	+900
160	180				+68	+108	+146	+210	+252	+310	+380	+465	+600	+780	+1000
180	200	+17	+31	+50	+77	+122	+166	+236	+284	+350	+425	+520	+670	+880	+1150
200	225				+80	+130	+180	+258	+310	+385	+470	+575	+740	+960	+1250
225	250				+84	+140	+196	+284	+340	+425	+520	+640	+820	+1050	+1350
250	280	+20	+34	+56	+94	+158	+218	+315	+385	+475	+580	+710	+920	+1200	+1550
280	315				+98	+170	+240	+350	+425	+525	+650	+790	+1000	+1300	+1700
315	355	+21	+37	+62	+108	+190	+268	+390	+475	+590	+730	+900	+1150	+1500	+1900
355	400				+114	+208	+294	+435	+530	+660	+820	+1000	+1300	+1650	+2100
400	450	+23	+40	+68	+126	+232	+330	+490	+595	+740	+920	+1100	+1450	+1850	+2400
450	500				+132	+252	+360	+540	+660	+820	+1000	+1250	+1600	+2100	+2600

附表 20　孔的基本偏差数值（GB/T 1800.2—2000）　　　　　　（单位：μm）

公称尺寸/mm		下极限偏差 EI												上极限偏差 ES								
		所有标准公差等级												IT6	IT7	IT8	≤IT8	>IT8	≤IT8	>IT8	≤IT8	>IT8
大于	至	A	B	C	CD	D	E	EF	F	FG	G	H	JS	J			K		M		N	
—	3	+270	+140	+60	+34	+20	+14	+10	+6	+4	+2	0	偏差=±$\frac{ITn}{2}$	+2	+4	+6	0	0	−2	−2	−4	−4
3	6	+270	+140	+70	+46	+30	+20	+14	+10	+6	+4	0		+5	+6	+10	−1+Δ		−4+Δ	−4	−8+Δ	0
6	10	+280	+150	+80	+56	+40	+25	+18	+13	+8	+5	0		+5	+8	+12	−1+Δ		−6+Δ	−6	−10+Δ	0
10	14	+290	+150	+95		+50	+32		+16		+6	0		+6	+10	+15	−1+Δ		−7+Δ	−7	−12+Δ	0
14	18																					
18	24	+300	+160	+110		+65	+40		+20		+7	0		+8	+12	+20	−2+Δ		−8+Δ	−8	−15+Δ	0
24	30																					
30	40	+310	+170	+120		+80	+50		+25		+9	0		+10	+14	+24	−2+Δ		−9+Δ	−9	−17+Δ	0
40	50	+320	+180	+130																		
50	65	+340	+190	+140		+100	+60		+30		+10	0		+13	+18	+28	−2+Δ		−11+Δ	−11	−20+Δ	0
65	80	+360	+200	+150																		
80	100	+380	+220	+170		+120	+72		+36		+12	0		+16	+22	+34	−3+Δ		−13+Δ	−13	−23+Δ	0
100	120	+410	+240	+180																		
120	140	+460	+260	+200		+145	+85		+43		+14	0		+18	+26	+41	−3+Δ		−15+Δ	−15	−27+Δ	0
140	160	+520	+280	+210																		
160	180	+580	+310	+230																		
180	200	+660	+310	+240		+170	+100		+50		+15	0		+22	+30	+47	−4+Δ		−17+Δ	−17	−31+Δ	0
200	225	+740	+380	+260																		
225	250	+820	+420	+280																		
250	280	+920	+480	+300		+190	+110		+56		+17	0		+25	+36	+55	−4+Δ		−20+Δ	−20	−34+Δ	0
280	315	+1050	+540	+330																		
315	355	+1200	+600	+360		+210	+125		+62		+18	0		+29	+39	+60	−4+Δ		−21+Δ	−21	−37+Δ	0
355	400	+1350	+680	+400																		
400	450	+1500	+760	+440		+230	+135		+68		+20	0		+33	+43	+66	−5+Δ		−23+Δ	−23	−40+Δ	0
450	500	+1650	+840	+480																		

公称尺寸 /mm		上极限偏差 ES													Δ值					
		≤IT7	标准公差等级大于IT7												标准公差等级					
大于	至	P至ZC	P	R	S	T	U	V	X	Y	Z	ZA	AB	ZC	IT3	IT4	IT5	IT6	IT7	IT8
—	3	在大于IT7的相应数值上增加一个Δ值	-6	-10	-14		-18		-20		-26	-32	-40	-60	0	0	0	0	0	0
3	6		-12	-15	-19		-23		-28		-35	-42	-50	-80	1	1.5	1	3	4	6
6	10		-15	-19	-23		-28		-34		-42	-52	-67	-97	1	1.5	2	3	6	7
10	14		-18	-23	-28		-33		-40		-50	-64	-90	-130	1	2	3	3	7	9
14	18							-39	-45		-60	-77	-108	-150						
18	24		-22	-28	-35		-41	-47	-54	-63	-73	-98	-136	-188	1.5	2	3	4	8	12
24	30					-41	-48	-55	-64	-75	-88	-118	-160	-218						
30	40		-26	-34	-43	-48	-60	-68	-80	-94	-112	-148	-200	-274	1.5	3	4	5	9	14
40	50					-54	-70	-81	-97	-114	-136	-180	-242	-325						
50	65		-32	-41	-53	-66	-87	-102	-122	-144	-172	-226	-300	-405	2	3	5	6	11	16
65	80			-43	-59	-75	-102	-120	-146	-174	-210	-274	-360	-480						
80	100		-37	-51	-71	-91	-124	-146	-178	-214	-258	-335	-445	-585	2	4	5	7	13	19
100	120			-54	-79	-104	-144	-172	-210	-254	-310	-400	-525	-690						
120	140		-43	-63	-92	-122	-170	-202	-248	-300	-365	-470	-620	-800	3	4	6	7	15	23
140	160			-65	-100	-134	-190	-228	-280	-340	-415	-535	-700	-900						
160	180			-68	-108	-146	-210	-252	-310	-380	-465	-600	-780	-1000						
180	200		-50	-77	-122	-166	-236	-284	-350	-425	-520	-670	-880	-1150	3	4	6	9	17	26
200	225			-80	-130	-180	-258	-310	-385	-470	-575	-740	-960	-1250						
225	250			-84	-140	-196	-284	-340	-425	-520	-640	-820	-1050	-1350						
250	280		-56	-94	-158	-218	-315	-385	-475	-580	-710	-920	-1200	-1550	4	4	7	9	20	29
280	315			-98	-170	-240	-350	-425	-525	-650	-790	-1000	-1300	-1700						
315	355		-62	-108	-190	-268	-390	-475	-590	-730	-900	-1150	-1500	-1900	4	5	7	11	21	32
355	400			-114	-208	-294	-435	-530	-660	-820	-1000	-1300	-1650	-2100						
400	450		-68	-126	-232	-330	-490	-595	-740	-920	-1100	-1450	-1850	-2400	5	5	7	13	23	34
450	500			-132	-252	-360	-540	-660	-820	-1000	-1250	-1600	-2100	-2600						

附表21　优先配合轴的极限偏差　　　　　（单位：μm）

公称尺寸/mm 大于	至	公差带 c11	d9	f7	g6	h6	h7	h9	h11	k6	n6	p6	s6	u6
—	3	−60 / −120	−20 / −45	−6 / −16	−2 / −8	0 / −6	0 / −10	0 / −25	0 / −60	+6 / 0	+10 / +4	+12 / +6	+20 / +14	+24 / +18
3	6	−70 / −145	−30 / −60	−10 / −22	−4 / −12	0 / −8	0 / −12	0 / −30	0 / −75	+9 / +1	+16 / +8	+20 / +12	+27 / +19	+31 / +23
6	10	−80 / −170	−40 / −76	−13 / −28	−5 / −14	0 / −9	0 / −15	0 / −36	0 / −90	+10 / +1	+19 / +10	+24 / +15	+32 / +23	+37 / +28
10	14	−95 / −205	−50 / −93	−16 / −34	−6 / −17	0 / −11	0 / −18	0 / −43	0 / −110	+12 / +1	+23 / +12	+29 / +18	+39 / +28	+44 / +33
14	18	−95 / −205	−50 / −93	−16 / −34	−6 / −17	0 / −11	0 / −18	0 / −43	0 / −110	+12 / +1	+23 / +12	+29 / +18	+39 / +28	+44 / +33
18	24	−110 / −240	−65 / −117	−20 / −41	−7 / −20	0 / −13	0 / −21	0 / −52	0 / −130	+15 / +2	+28 / +15	+35 / +22	+48 / +35	+54 / +41
24	30	−110 / −240	−65 / −117	−20 / −41	−7 / −20	0 / −13	0 / −21	0 / −52	0 / −130	+15 / +2	+28 / +15	+35 / +22	+48 / +35	+61 / +48
30	40	−120 / −280	−80 / −142	−25 / −50	−9 / −25	0 / −16	0 / −25	0 / −62	0 / −160	+18 / +2	+33 / +17	+42 / +26	+59 / 43	+76 / +60
40	50	−130 / −290	−80 / −142	−25 / −50	−9 / −25	0 / −16	0 / −25	0 / −62	0 / −160	+18 / +2	+33 / +17	+42 / +26	+59 / 43	+86 / +70
50	65	−140 / −330	−100 / −174	−30 / −60	−10 / −29	0 / −19	0 / −30	0 / −74	0 / −190	+21 / +2	+39 / +20	+51 / +32	+72 / +53	+106 / +87
65	80	−150 / −340	−100 / −174	−30 / −60	−10 / −29	0 / −19	0 / −30	0 / −74	0 / −190	+21 / +2	+39 / +20	+51 / +32	+78 / +59	+121 / +102
80	100	−170 / −390	−120 / −207	−36 / −71	−12 / −34	0 / −22	0 / −35	0 / −87	0 / −220	+25 / +3	+45 / +23	+59 / +37	+93 / +71	+146 / +124
100	120	−180 / −400	−120 / −207	−36 / −71	−12 / −34	0 / −22	0 / −35	0 / −87	0 / −220	+25 / +3	+45 / +23	+59 / +37	+101 / +79	+146 / +144
120	140	−200 / −450	−145 / −245	−43 / −83	−14 / −39	0 / −25	0 / −40	0 / −100	0 / −250	+28 / +3	+52 / +27	+68 / +43	+117 / +92	+195 / +170
140	160	−210 / −460	−145 / −245	−43 / −83	−14 / −39	0 / −25	0 / −40	0 / −100	0 / −250	+28 / +3	+52 / +27	+68 / +43	+125 / +100	+215 / +210
160	180	−230 / −480	−145 / −245	−43 / −83	−14 / −39	0 / −25	0 / −40	0 / −100	0 / −250	+28 / +3	+52 / +27	+68 / +43	+133 / +108	+235 / +210
180	200	−240 / −530	−170 / −285	−50 / −96	−15 / −44	0 / −29	0 / −46	0 / −115	0 / −290	+33 / +4	+60 / +31	+79 / +50	+151 / +122	+265 / +236
200	225	−260 / −550	−170 / −285	−50 / −96	−15 / −44	0 / −29	0 / −46	0 / −115	0 / −290	+33 / +4	+60 / +31	+79 / +50	+159 / +130	+287 / +257
225	250	−280 / −570	−170 / −285	−50 / −96	−15 / −44	0 / −29	0 / −46	0 / −115	0 / −290	+33 / +4	+60 / +31	+79 / +50	+169 / +140	+313 / +284
250	280	−300 / −620	−190 / −320	−56 / −108	−17 / −49	0 / −32	0 / −52	0 / −130	0 / −320	+36 / +4	+66 / +34	+88 / +56	+190 / +158	+347 / +315
280	315	−330 / −650	−190 / −320	−56 / −108	−17 / −49	0 / −32	0 / −52	0 / −130	0 / −320	+36 / +4	+66 / +34	+88 / +56	+202 / +170	+382 / +350
315	355	−360 / −720	−210 / −350	−62 / −119	−18 / −54	0 / −36	0 / −57	0 / −140	0 / −360	+40 / +4	+73 / +37	+98 / +62	+226 / +190	+426 / +390
355	400	−400 / −760	−210 / −350	−62 / −119	−18 / −54	0 / −36	0 / −57	0 / −140	0 / −360	+40 / +4	+73 / +37	+98 / +62	+244 / +208	+471 / +435
400	450	−440 / −840	−230 / −385	−68 / −131	−20 / −60	0 / −40	0 / −63	0 / −155	0 / −400	+45 / +5	+80 / +40	+108 / +68	+272 / +232	+530 / +490
450	500	−480 / −880	−230 / −385	−68 / −131	−20 / −60	0 / −40	0 / −63	0 / −155	0 / −400	+45 / +5	+80 / +40	+108 / +68	+292 / +252	+580 / +540

附表22　优先配合孔的极限偏差　　　　　　（单位：μm）

公称尺寸/mm 大于	至	公差带 C 11	D 9	F 8	G 7	H 7	H 8	H 9	H 11	K 7	N 7	P 7	S 7	U 7
—	3	+120 +60	+45 +20	+20 +6	+12 +2	+10 0	+14 0	+25 0	+60 0	0 −10	−4 −14	−6 −16	−14 −24	−18 −28
3	6	+145 +70	+60 +30	+28 +10	+16 +4	+12 0	+18 0	+30 0	+75 0	+9 −9	−4 −16	−8 −20	−15 −27	−19 −31
6	10	+170 +80	+76 +40	+35 +13	+20 +5	+15 0	+22 0	+36 0	+90 0	+5 −10	−4 −19	−9 −24	−17 −32	−22 −37
10	14	+205 +95	+93 +50	+43 +16	+27 +6	+18 0	+27 0	+43 0	+110 0	+6 −12	−5 −23	−11 −29	−21 −39	−26 −44
14	18	+205 +95	+93 +50	+43 +16	+27 +6	+18 0	+27 0	+43 0	+110 0	+6 −12	−5 −23	−11 −29	−21 −39	−26 −44
18	24	+240 +110	+117 +65	+53 +20	+28 +7	+21 0	+33 0	+52 0	+130 0	+6 −15	−7 −28	−14 −35	−27 −48	−33 −54
24	30	+240 +110	+117 +65	+53 +20	+28 +7	+21 0	+33 0	+52 0	+130 0	+6 −15	−7 −28	−14 −35	−27 −48	−40 −61
30	40	+280 +120	+142 +80	+64 +25	+34 +9	+25 0	+39 0	+62 0	+160 0	+7 −18	−8 −33	−17 −42	−34 59	−51 −76
40	50	+290 +130	+142 +80	+64 +25	+34 +9	+25 0	+39 0	+62 0	+160 0	+7 −18	−8 −33	−17 −42	−34 59	−61 −86
50	65	+330 +140	+174 +100	+76 +30	+40 +10	+30 0	+46 0	+74 0	+190 0	+9 −21	−9 −39	−21 −51	−42 −72	−76 −106
65	80	+340 +150	+174 +100	+76 +30	+40 +10	+30 0	+46 0	+74 0	+190 0	+9 −21	−9 −39	−21 −51	−48 −78	−91 −121
80	100	+390 +170	+207 +120	+90 +36	+47 +12	+35 0	+54 0	+87 0	+220 0	+10 −25	−10 −45	−24 −59	−58 −93	−111 −146
100	120	+400 +180	+207 +120	+90 +36	+47 +12	+35 0	+54 0	+87 0	+220 0	+10 −25	−10 −45	−24 −59	−66 −101	−131 −166
120	140	+450 +200	+245 +145	+106 +43	+54 +14	+40 0	+63 0	+100 0	+250 0	+12 −28	−12 −52	−28 −68	−77 −117	−155 −195
140	160	+460 +210	+245 +145	+106 +43	+54 +14	+40 0	+63 0	+100 0	+250 0	+12 −28	−12 −52	−28 −68	−85 −125	−175 −215
160	180	+480 +230	+245 +145	+106 +43	+54 +14	+40 0	+63 0	+100 0	+250 0	+12 −28	−12 −52	−28 −68	−93 −133	−195 −235
180	200	+530 +240	+285 +170	+122 +50	+61 +15	+46 0	+72 0	+115 0	+290 0	+13 −33	−14 −60	−33 −79	−105 −151	−219 −265
200	225	+550 +260	+285 +170	+122 +50	+61 +15	+46 0	+72 0	+115 0	+290 0	+13 −33	−14 −60	−33 −79	−113 −159	−241 −287
225	250	+570 +280	+285 +170	+122 +50	+61 +15	+46 0	+72 0	+115 0	+290 0	+13 −33	−14 −60	−33 −79	−123 −169	−267 −313
250	280	+620 +300	+320 +190	+137 +56	+69 +17	+52 0	+81 0	+130 0	+320 0	+16 −36	−14 −66	−36 −88	−138 −190	−295 −347
280	315	+650 +330	+320 +190	+137 +56	+69 +17	+52 0	+81 0	+130 0	+320 0	+16 −36	−14 −66	−36 −88	−150 −202	−330 −382
315	355	+720 +360	+350 +210	+151 +62	+75 +18	+57 0	+89 0	+140 0	+360 0	+17 −40	−16 −73	−41 −98	−169 −226	−369 −426
355	400	+760 +360	+350 +210	+151 +62	+75 +18	+57 0	+89 0	+140 0	+360 0	+17 −40	−16 −73	−41 −98	−187 −244	−414 −471
400	450	+840 +440	+385 +230	+165 +68	+83 +20	+63 0	+97 0	+155 0	+400 0	+18 −45	−17 −80	−45 −108	−209 −279	−467 −530
450	500	+880 +480	+385 +230	+165 +68	+83 +20	+63 0	+97 0	+155 0	+400 0	+18 −45	−17 −80	−45 −108	−229 −292	−517 −580

附表 23　基孔制优先、常用配合

基准孔	轴																				
	a	b	c	d	e	f	g	h	js	k	m	n	p	r	s	t	u	v	x	y	z
	间隙配合								过渡配合				过盈配合								
H6						$\frac{H6}{f5}$	$\frac{H6}{g5}$	$\frac{H6}{h5}$	$\frac{H6}{js5}$	$\frac{H6}{k5}$	$\frac{H6}{m5}$	$\frac{H6}{n5}$	$\frac{H6}{p5}$	$\frac{H6}{r5}$	$\frac{H6}{s5}$	$\frac{H6}{t5}$					
H7						$\frac{H7}{f6}$	$\frac{H7}{g6}$*	$\frac{H7}{h6}$*	$\frac{H7}{js6}$	$\frac{H7}{k6}$*	$\frac{H7}{m6}$	$\frac{H7}{n6}$*	$\frac{H7}{p6}$*	$\frac{H7}{r6}$	$\frac{H7}{s6}$*	$\frac{H7}{t6}$	$\frac{H7}{u6}$*	$\frac{H7}{v6}$	$\frac{H7}{x6}$	$\frac{H7}{y6}$	$\frac{H7}{z6}$
H8			$\frac{H8}{c7}$			$\frac{H8}{f7}$*	$\frac{H8}{g7}$	$\frac{H8}{h7}$*	$\frac{H8}{js7}$	$\frac{H8}{k7}$	$\frac{H8}{m7}$	$\frac{H8}{n7}$	$\frac{H8}{p7}$	$\frac{H8}{r7}$	$\frac{H8}{s7}$	$\frac{H8}{t7}$	$\frac{H8}{u7}$				
				$\frac{H8}{d8}$	$\frac{H8}{e8}$	$\frac{H8}{f8}$		$\frac{H8}{h8}$													
H9			$\frac{H9}{c9}$	$\frac{H9}{d9}$*	$\frac{H8}{e9}$	$\frac{H9}{f9}$		$\frac{H9}{h9}$*													
H10			$\frac{H10}{c10}$	$\frac{H10}{d10}$				$\frac{H10}{h10}$													
H11	$\frac{H11}{a11}$	$\frac{H11}{b11}$	$\frac{H11}{c11}$*	$\frac{H11}{d11}$				$\frac{H11}{h11}$*													
H12		$\frac{H12}{b12}$						$\frac{H12}{h12}$													

注：(1) $\frac{H6}{n5}$、$\frac{H7}{p6}$ 在公称尺寸小于或等于 3mm 和 $\frac{H8}{r7}$ 在小于或等于 100mm 时为过渡配合。

　　(2) 标注 * 的配合为优先配合。

附表 24　基轴制优先、常用配合

基准孔	轴																				
	A	B	C	D	E	F	G	H	Js	K	M	N	P	R	S	T	U	V	X	Y	Z
	间隙配合								过渡配合				过盈配合								
h5						$\frac{F6}{h5}$	$\frac{G6}{h5}$	$\frac{H6}{h5}$	$\frac{Js6}{h5}$	$\frac{K6}{h5}$	$\frac{M6}{h5}$	$\frac{N6}{h5}$	$\frac{P6}{h5}$	$\frac{R6}{h5}$	$\frac{S6}{h5}$	$\frac{T6}{h5}$					
h6						$\frac{F7}{h6}$	$\frac{G7}{h6}$*	$\frac{H7}{h6}$*	$\frac{Js7}{h6}$	$\frac{K7}{h6}$*	$\frac{M7}{h6}$	$\frac{N7}{h6}$*	$\frac{P7}{h6}$*	$\frac{R7}{h6}$	$\frac{S7}{h6}$*	$\frac{T7}{h6}$	$\frac{U7}{h6}$*				
h7					$\frac{E8}{h7}$	$\frac{H7}{g6}$*		$\frac{H8}{h7}$*	$\frac{Js8}{h7}$	$\frac{K8}{h7}$	$\frac{M8}{h7}$	$\frac{N8}{h7}$									
h8				$\frac{D8}{h8}$	$\frac{E8}{h8}$	$\frac{F8}{h8}$		$\frac{H8}{h8}$													
h9				$\frac{D9}{h9}$*	$\frac{E9}{h9}$	$\frac{F9}{h9}$		$\frac{H9}{h9}$*													
h10				$\frac{D10}{h10}$				$\frac{H10}{h10}$													
h11	$\frac{A11}{h11}$	$\frac{B11}{h11}$	$\frac{C11}{h11}$*	$\frac{D11}{d11}$				$\frac{H11}{h11}$*													
h12		$\frac{B11}{h11}$						$\frac{H12}{h12}$													

注：标注 * 的配合为优先配合。

参 考 文 献

大连理工大学工程图学教研室，2017. 现代工程制图 . 2 版 . 北京：高等教育出版社

窦忠强，曹彤，陈锦昌，续丹，2016. 工业产品设计与表达 . 3 版 . 北京：高等教育出版社

侯洪生，闫冠，2016. 机械工程图学 . 4 版 . 北京：科学出版社

刘苏，王静秋，2021. 现代工程图学 . 3 版 . 北京：科学出版社

谭建荣，张树有，2019. 图学基础教程 . 3 版 . 北京：高等教育出版社

Giesecke F E, et al., 2004. Modern Graphics Communication. 3rd ed. New York：Pearson Education，Inc

Giesecke F E, et al., 2005. Engineering Graphics. 8th ed. 焦永和，韩宝玲，李苏红改编 . 北京：高等教育出版社